世界名校
公开课

FAT CHANCE

Probability from 0 to 1

哈佛
概率论公开课

贝内迪克特·格罗斯（Benedict Gross）

[美]　　　乔·哈里斯（Joe Harris）　　　　　著

埃米莉·里尔（Emily Riehl）

薄立军　李本崇　译

机械工业出版社
China Machine Press

图书在版编目（CIP）数据

哈佛概率论公开课 /（美）贝内迪克特·格罗斯（Benedict Gross），（美）乔·哈里斯（Joe Harris），（美）埃米莉·里尔（Emily Riehl）著；薄立军，李本崇译 . —北京：机械工业出版社，2020.8（2024.5 重印）

（世界名校公开课）

书名原文：Fat Chance: Probability from 0 to 1

ISBN 978-7-111-66377-5

I. 哈… II. ① 贝… ② 乔… ③ 埃… ④ 薄… ⑤ 李… III. 概率论 - 普及读物 IV. O211-49

中国版本图书馆 CIP 数据核字（2020）第 156440 号

北京市版权局著作权合同登记　图字：01-2020-2984 号。

This is a Simplified-Chinese edition of the following title published by Cambridge University Press: Benedict Gross, Joe Harris, Emily Riehl. Fat Chance: Probability from 0 to 1 (ISBN: 978-1-108-48296-7)

© Benedict Gross, Joe Harris, and Emily Riehl 2019.

This Simplified-Chinese edition for the Chinese mainland (excluding Hong Kong SAR, Macao SAR and Taiwan) is published by arrangement with the Press Syndicate of the University of Cambridge, Cambridge, United Kingdom.

© Cambridge University Press and China Machine Press in 2020.

This Simplified-Chinese edition is authorized for sale in the Chinese mainland (excluding Hong Kong SAR, Macao SAR and Taiwan) only. Unauthorized export of this simplified Chinese is a violation of the Copyright Act. No part of this publication may be reproduced or distributed by any means, or stored in a database or retrieval system, without the prior written permission of Cambridge University Press and China Machine Press.

本书原版由剑桥大学出版社出版 .

本书简体字中文版由剑桥大学出版社与机械工业出版社合作出版 . 未经出版者预先书面许可，不得以任何方式复制或抄袭本书的任何部分 .

此版本仅限在中国大陆地区（不包括香港、澳门特别行政区及台湾地区）销售 .

本书封面贴有 Cambridge University Press 防伪标签，无标签者不得销售 .

哈佛概率论公开课

出版发行：机械工业出版社（北京市西城区百万庄大街 22 号　邮政编码：100037）

责任编辑：柯敬贤

责任校对：马荣敏

印　　刷：北京建宏印刷有限公司

版　　次：2024 年 5 月第 1 版第 5 次印刷

开　　本：147mm×210mm　1/32

印　　张：9.875

书　　号：ISBN 978-7-111-66377-5

定　　价：79.00 元

客服电话：（010）88361066　68326294

版权所有·侵权必究

封底无防伪标均为盗版

·· 译者序 ··

　　概率与生活的联系非常紧密．在现实世界里，人们经常需要基于不完整的信息做出决策，因此具备基本的概率知识素养是必不可少的．

　　本书旨在培养读者学习概率的兴趣，并致力于帮助深入学习现代概率论的读者理解基本概念．本书从计数问题出发，由浅入深地向读者介绍了概率论的基础概念和思想．本书语言生动有趣，如同与读者对话一般，且不失数学逻辑的严谨性．书中含有大量与生活联系紧密的概率实例，详细说明了如何利用概率知识来解决现实生活中的问题．通过对本书的学习，读者不仅能够简单地写出公式并记忆，还将对这些公式的含义及其使用方式有更深刻的理解．大量的实例、丰富翔实的内容、幽默的叙述方式以及对读者自主思考的引导，是本书的特色．

　　本书叙述幽默风趣，内容切入角度独特，是一本优秀的通识概率普及教材．译者在翻译过程中一直努力体会作者的原意，但由于水平有限，难免有纰漏，敬请读者批评指正！

·· 前 言 ··

假设一位朋友在酒吧里向你提出一个挑战．他向你要 25 美分的硬币——尽管有点不情愿，但你还是给了他——然后告诉你他要掷 6 次，并且记录结果：正面朝上还是反面朝上．接着又跟你下了一个赌注：如果你能正确地猜出正面朝上的次数，他会为下一轮的饮料买单；但如果结果与你的猜测不同，下一轮就是你买单．每一次掷硬币时正面朝上和反面朝上的概率是相同的．因此，三次正面朝上或三次反面朝上似乎是最有可能产生的结果．但这是一个好的赌约吗？

或者，你和另一位朋友开车去看电影，并在距离电影院 1 英里[⊖]的地方找到一个停车位．这里比较拥堵，如果继续行驶的话，也可能在距离电影院半英里的地方找到停车位．但是如果你决定找一个更好的停车位，有可能你最后还得回到最初的那个停车位，而那个时候它可能已经被占用了．你要怎么决定呢？如果电影还有 25 分钟就要开始，会对你的决定有何影响？

在学校选举中，绝大多数左撇子选民更喜欢特蕾茜，她强烈主张在教室里放置更多适合左撇子的书桌（left-handed desk）．这

　　⊖　1 英里＝1609.344 米．——编辑注

是否意味着特蕾茜可能会获胜？而当我们这样做时，民意测验中"3%的误差幅度"到底意味着什么呢？

再或者，假设你陪叔叔一起去看医生，并被告知他的前列腺特异抗原（PSA）数值偏高．医生说很大一部分前列腺癌患者的PSA数值都会偏高，你会有多担心呢？

最后，假设你要拿全部的积蓄（总计1000美元）去玩轮盘赌．是最好一次下注所有赌资，还是应该一次只下注1美元，直到你赚到1000美元或者身无分文？

概率论的核心是决策，至少在能够确定给定事件在数学上的可能性的情况下如此．在本书中，我们将踏上探索上述所有问题的答案的旅程，用概率论的方法去判别那些直觉可能会误导我们的情况．

我们将讨论赌徒破产问题及它的对立面——篮球中的"手感火热"谬论，并尝试理解为什么随机相关会出现在大型数据集中，例如30人的房间里两个人可能有相同生日这样的"巧合"．我们将探索事件独立、不相关以及"正相关"或"负相关"在数学上的区别．我们将介绍老虎机、扑克和轮盘之类的赌博游戏来了解拉斯维加斯如何维持经营，甚至在可以准确计算出每个游戏的期望值的情况下．我们会尝试进行更严肃的讨论，包括医学决策和僵尸来袭，同时也会探索一些轻松有趣的问题．

"Fat Chance"是哈佛大学在2004年开设的通识教育中的一门课程．我们中的两个人（贝内迪克特和乔）讲授这门课来帮助那些非数学或者非科学专业的学生学习一些计数和概率的基本技能．我们希望通过该课程教学生用数学思维描述世界，并向学生展示最初数学吸引我们的地方.

我们在课堂上讲授了几次课程之后,HarvardX 找我们来完善课程和习题,以便在网上展示课程.本书既是我们在线课程的配套教材,也可以作为普通读者学习概率基础知识的自学参考书.

也许有点违反直觉,我们认为"Fat Chance"类似于入门级语言课程.语言课程的核心不是记住很多词汇和动词时态(尽管总是涉及很多),而是学习用这种语言来思考和表述.同样,书中有大量必要的技巧需要学习,还需要执行很多计算.但这只是达到最终目的的一种手段:我们的目标是给你用数学思维思考问题的经验以及计算(或至少估计)许多现实世界中事件发生的概率的能力.

尝试学习新语言的一种方法是看很多无字幕的外国电影.最终,你可以学会一些短语.尽管这种学习方法听起来很吸引人,但它并不是实现顺畅交流的最有效方法.更好的方法是找到一些以这种语言为母语的人,并尝试进行对话.你肯定会在一些情况下说错话,这着实令人尴尬,但是有证据表明你会因为这些犯下的错误而学习得更快.因此,我们提供了可能会使读者困惑的具有挑战性的练习,希望读者能够借此机会亲自尝试一下我们介绍的概率推理技巧.

阅读本书前需要做哪些准备?事实上,从知识角度来说,答案是"不用怎么准备",对高中代数课程(分数的计算,习惯于用字母代表数字)有一定了解应该足够了.更重要的可能是一些不太能够量化的要求:准备好本着冒险和探索的精神去学习数学.如果能够理解这一点,虽然还需要付出一定努力,但是最后的结果会让我们感到这是值得的.

我们要感谢帮助创作这本书的很多人.对本书第一部分主题的处理受到 Ivan Niven 的 *Mathematics of Choice* 一书的影响.当我们在教室里讲授这门课程时,哈佛大学的许多研究生作为助教帮助完善了教材和习题.特别感谢 Andrew Rawson 以及 HarvardX工作室的所有摄像师和编辑,他们令"Fat Chance"的拍摄如此愉快;感谢 Cameron Krulewski,他帮助完成了线上课程,并提供了很多有关习题的有用反馈;感谢 Devlin Mallory,他在文字编辑和图形格式方面提供了帮助.我们还要感谢剑桥大学出版社的编辑Katie Leach,感谢她的耐心和许多有用的建议.

现在,让我们正式开始课程学习吧!

•• 目 录 ••

第二部分　概率

第一部分

计　数

第1章

简 单 计 数

数学书开篇难懂．看过几章，便容易起来：此时，作者和读者对书的水平、节奏、语言和目标已有（或认为他们已有）共识，交流自然更顺畅．但开始读时费解．

因此，数学教材通常是在开篇放置一个或两个看过即废的章节，作用如同举重锻炼前的热身．绪论通常很少或没有技术内容，只是给出基本术语和符号，让读者先习惯该书的风格，然后再讲解实际知识．遗憾的是，效果可能相反：整章充斥着用晦涩的语言表述的显而易见的事实，结果是读者难以理解而实际上却没有传达任何有用的信息．

哎，我们是不会背离惯例的！下面是我们的介绍性内容．但这里建议：如果你觉得内容太简单可跳过（不像举重，充分的热身是绝对必要的），直接从第 2 章开始即可．

1.1 数字计数

首先，我们想谈谈计数，因为数字就是这样进入我们的世界的．在 4000 或 5000 年前，人类第一次提出了数字的概念，可能是为了量化他们的财产和做交易，如我的三头猪可换你的两头牛．人们发现的关于数字的一个重要特性是同一个数字系统（如 1，2，3，4 等）可用来计数任何事物：珠子，谷物的蒲式耳，一个村庄中的现住人口，敌方军队中的部队．数字能用来计数任何事物：数字甚至可以计数数字的多少．

这是我们的出发点．我们要提出的第一个问题是：1 到 10 有多少个自然数？

此时你可能在想，把你买这本书的钱要回来是否太迟了．多包涵！我们很快就会讲一些你不知道的东西．现在，把它们写出来，数一下：

$$1, 2, 3, 4, 5, 6, 7, 8, 9, 10$$

10 个．1 到 11 呢？嗯，多一个，11 个．1 到 12 呢？当然是 12 个．

嗯，看起来很清楚，举个例子，如果我问你 1 到 57 有多少个自然数，你不会真的把它们写出来并数一下，你会（正确地）想到答案是 57.

好吧，那么我们现在把它提高一个层次．假如现在问：28 到 83 有多少个自然数，包括 28 和 83 在内？（与前面一样，"包括 28 和 83 在内"指的是我们计数时包含 28 和 83）这时，可以将 28 到 83 的自然数都列出来并数一下，但我们得相信有比这更好的方法．

这是一个——假设确实写出了 28 到 83 的自然数：

$$28, 29, 30, 31, 32, \cdots, 82, 83$$

（这里的省略号让读者想象，我们已把所有的数字写在一个不间断的序列中．当我们不能或者不愿全部写出一个数列时会用这个惯例）．现在将它们中的每一个数减去 27．新数列从 1 开始，延续至 $83-27=56$：

$$1, 2, 3, 4, 5, \cdots, 55, 56$$

由此可知，该数列中有 56 个数，所以原数列中也是 56 个数．

很明显，我们可以这样计算任何一列数字的个数．例如，如果我们被问起 327 到 573 有多少个自然数，则可以类似地想象所有的数字都写出来了：

$$327, 328, 329, 330, 331, \cdots, 572, 573$$

然后，这些数中的每一个减去 326，我们得到数列

$$1, 2, 3, 4, 5, \cdots, 246, 247$$

所以原来的数列中有 $573-326=247$ 个数．

现在，没有必要每次都走这个过程．用代表任何数字的字母做一次更有意义，这样就可以得出一个公式，每当遇到这样的问题，我们都可以使用它．假如有两个整数 n 和 k，n 是两者中较大的，问：k 到 n 有多少个自然数？

我们也这么做——假如把从 k 到 n 的数都写出来排成一列：

$$k, k+1, k+2, k+3, \cdots, n-1, n$$

将它们中的每一个数减去 $k-1$，得到数列

$$1, 2, 3, 4, \cdots, n-1-(k-1), n-(k-1)$$

现在我们知道这个数列中有多少个数了，即 $n-(k-1)$，或者更简单地，$n-k+1$⊖．我们的结论是：

⊖ $n-(k-1)$ 与 $n-k+1$ 是否显然相等？若不是，花点时间说服自己：减去 $k-1$ 与先减去 k 再加回 1 一样．本书中不加说明我们通常会做这样的运算，但你应该花点时间让自己确信这是对的．

> 从 k 到 n 的整数（包含 k 和 n）的个数是 $n-k+1$.

例如，如果有人问"从 327 到 573 有多少个整数"，我们不必从头开始考虑——答案是 $576-342+1$，或 235.

由于这是我们的第一个公式，也许是时候提出公式在数学中的作用这个话题了. 正如我们所说，有这样一个公式的要义是，我们不必每次想解决一个类似的问题时，都重现在上面的具体例子中用到的全部论据. 另一方面，保持对这个过程的理解是重要的，不要将公式视为一个会给出答案的"黑匣子"（我们提请大家注意一般公式，不管黑匣子是什么）. 知道公式是怎么来的，有助于我们知道它何时适用，以及该如何修改以处理不可用时的情形.

习题 1.1.1 从 242 到 783 有多少个整数？

习题 1.1.2 正整数集合与它们的相反数和 0 构成了整数系.

1. 若 n 和 k 都是负数，则从 k 到 n 有多少个负数？

2. 若 n 是正数，k 是负数，则从 k 到 n 有多少个整数？

1.2 整除数计数

上一节的问题我们解决了，现在来看一个稍微不同的问题："从 46 到 104 有多少个偶数？"

事实上，可以用同样的方法. 想象我们真的列出了从 46 开始 104 结束的所有偶数：

$$46, 48, 50, 52, \cdots, 102, 104$$

我们刚刚学会了如何在一个不间断的数列中数出数字的个数. 如果将此数列中所有的数除以 2, 该数列就转化成了一个不间断数列——我们得到的是从 23 (46/2) 到 52 (104/2) 的整数列:

$$23, 24, 25, 26, \cdots, 51, 52$$

现在, 由我们刚刚推出的公式可知数列中数字的个数: 从 23 到 52 有

$$52 - 23 + 1 = 30$$

个数, 所以我们知道从 46 到 104 有 30 个偶数.

再举一个这个类型的例子: 我们的问题是, 从 50 到 218 有多少整数能被 3 整除? 又一次, 我们用同样的方式: 想象我们列出了所有这样的数. 但要注意, 50 不是第一个数, 因为 3 不能整除 50: 事实上, 数列中能被 3 整除的最小数是 $51 = 3 \times 17$. 同样, 数列中最后一个数是 218, 它也不能被 3 整除, 能被 3 整除的最大数是 216, 即 $3 \times 72 = 216$. 所以, 能被 3 整除的数列是这样的:

$$51, 54, 57, 60, \cdots, 213, 216$$

现在, 我们可以像前面做的那样, 将数列中的每一个数除以 3, 得到从 17 到 72 的所有整数构成的数列:

$$17, 18, 19, 20, \cdots, 71, 72$$

有

$$72 - 17 + 1 = 56$$

个数.

现在是时候停止阅读了, 自己做点练习吧.

习题 1.2.1

1. 从 242 到 783, 能被 6 整除的数有多少个?

2. 从 17 到 783，能被 6 整除的数有多少个？

3. 从 45 到 93，能被 4 整除的数有多少个？

习题 1.2.2

1. 在一个座位有编号的体育馆里，除了从 33 到 97 编号的座位，其余座位都坐满了．还有多少个座位可坐？

2. 假设粉丝们迷信，怕他们的队伍会输，只愿坐在偶数号座位上．从编号为 33 到 97 的座位区，还有多少偶数号座位可坐？

习题 1.2.3 某个非闰年有 365 天，1 月 1 日是周日，那么一年共有多少个周日，多少个周一？

1.3 简化成一个解决过的问题

留意我们刚才所做的几道题．我们从一个很简单的问题开始，即从 1 到 n 的自然数的个数，几乎看一眼就能给出答案．接下来我们考虑的问题是从 k 到 n 的自然数的个数，通过把所有的数转化成 1 到 $n-k+1$ 之间的整数就解决了问题．实际上是把它简化成了我们知道答案的第一个问题．最后，当问起两个数之间能被第三个数整除的数的个数时，答案是通过除以第三个数，将问题简化为数一下从 k 到 n 的自然数的个数．

这种通过把新问题简化为已经解决的问题来增强我们解决问题能力的方法正是数学的特性．我们慢慢开始，逐步积累一些知识和技巧：目标不必是直接解决每一个问题，而是将其简化为一个已解决的问题.

关于此,甚至有一个标准的笑话:

一位数学家走进一个房间.在一个墙角,她看见一个空桶.在第二个墙角,她看到一个带水龙头的水槽.而在第三个墙角,她看到一堆着火的文件.她马上行动:拿起桶,在水龙头处装满水,迅速地扑灭了火.

第二天,这位数学家回到该房间.又一次,她见到第三个墙角有火,但这次火旁边放着满满一桶水.又一次,她立刻行动起来——她拎起桶,将水全部倒入水槽,将空桶放在第一个墙角后离开了,说:"我已将它简化为前面解决过的问题!"

好吧,也许我们也是那样.但这里有一点要说明.很简单:本书中发展的思想和技巧是累积的,每一个都是建立在以前的基础之上的.我们偶尔会偏离正题,去探讨一些后面用不到的想法,若是这样我们会尽量说明.可是多数情况下,你要跟得上,即在读下一章之前,你要运用每一章的想法和技巧,直到你感觉挥洒自如.

值得注意的是,数学的累积性在某种程度上使它与其他科学领域不同.我们今天所认同的物理学、化学、生物学和医学理论与 17 世纪和 18 世纪的理论完全相反——可以说,对关于水蛭的合理应用的医学文献感兴趣的主要是历史学家了,我们敢打赌你的高中化学课不含燃素理论⊖.相比之下,那时发展起来的数学是我

⊖ 燃素理论是着火的假设原理,每一种可燃物都包含燃素——至少直到整个理论在 1770 年到 1790 年间被 Antoine Lavoisier 推翻前是这样认为.

们今天工作的基石.

习题 1.3.1 从 242 到 783，不能被 6 整除的数有多少个？

习题 1.3.2 一家电台搞错了，承诺给每一位次序为 13 的倍数的来电者赠送两张音乐会门票，而不是只向第 13 个来电者赠送两张音乐会门票．在电台经理意识到错误之前已收到 428 个来电．电台已承诺送出的音乐会门票是多少张？

1.4 非常大的数字

在论及数字的起源时，让我们谈谈另一个重要的早期发展：能记下非常大的数字的能力．试想：一旦给出了数的概念，接下来就是要想个法子把它们写下来．当然，可以为每一个新数字任意编写一个新符号，但这是有内在局限的：如果没有一本笨重的字典，就不能表示大的数字．

阿基米德在公元前 3 世纪曾在锡拉丘茨（当时希腊帝国的一部分）写过一篇关于数字和计数的论文．这篇题为 "The Sand Reckoner"（沙粒计算者）的论文是写给一位地方君主的，阿基米德在论文中声称，他开发了一个数字系统，能够算出像宇宙中沙粒数量一样大的数字——这在当时是一个革命性的想法．

阿基米德的方法与我们所说的指数表示法相似．我们将通过表示一个非常大的数字来说明这一点——宇宙寿命的近似秒数．

计算十分简单．一分钟有 60 秒，一小时有 60 分钟，所以一小时包含的秒数是

$$60 \times 60 = 3600$$

一天有 24 小时，故一天中的秒数是

$$3600 \times 24 = 86\ 400$$

一年（非闰年）有 365 天，一年中的秒数是

$$86\ 400 \times 365 = 31\ 536\ 000$$

现在，用指数表示法，这个数大约是 3 乘以 10 的 7 次幂——3 后面 7 个 0. 这里 10^7 是指 7 个 10 连乘，$10 \times 10 \times 10 \times 10 \times 10 \times 10 \times 10$. 用标准的十进制表示，即 $10^7 = 10\ 000\ 000$，1 后面 7 个 0，因此，$3 \times 10^7 = 30\ 000\ 000$，3 后面 7 个 0.（当然，一个更好的逼近是说这个数大约是 3.1×10^7，或者 3.15×10^7，但我们准备采用更简单的估计 3×10^7.）

在进行大数之间的乘法运算时，指数表示法尤其简便. 譬如，计算 $10^6 \times 10^7$. 10^6 是 $10 \times 10 \times 10 \times 10 \times 10 \times 10$，$10^7$ 是 $10 \times 10 \times 10 \times 10 \times 10 \times 10 \times 10$，于是它们相乘时得到的是 13 个 10 连乘：

$$10^6 \times 10^7 = 10^{13}$$

也就是说，简单地将幂次相加即可. 所以做数的乘积运算时用指数表示法简单.

例如，要在我们的问题上迈出下一步，就必须说明宇宙存在多长时间了. 当然，这个量严重依赖于你所用的宇宙模型. 大多数天体物理学家估计宇宙大约已经存在 137 亿年，误差大约是 1%. 因此，我们将把宇宙的年龄记为

$$13\ 700\ 000\ 000 = 1.37 \times 10^{10}$$

年，所以宇宙生命中的秒数大概是

$$(1.37 \times 10^{10}) \times (3 \times 10^7) = 4.11 \times 10^{17}$$

或者四舍五入，宇宙大约已存在 4×10^{17} 秒.

可以看到我们如何用这种记法来表示任意大的数. 例如，目前计算机每秒可进行 10^{12} 次运算（浮点运算，这在业界众所周知）. 我们可以问：如果这样的一台计算机从宇宙诞生到现在都在运行，它做了多少次运算？答案是，次数约为

$$10^{12} \times (4 \times 10^{17}) = 4 \times 10^{29}$$

现在，本书的大部分内容将处理比这些小得多的数字，我们将做精确的计算而不是近似. 但是，偶尔要表示和估计像这样的一些大数（上面最后一个数——一台从宇宙诞生一直在运行的计算机能够执行的运算次数——将在本书的后面出现：我们将遇到需要执行超过这个数量的运算的数学过程）. 但即使从宇宙诞生开始也没有足够的时间来进行这样的一个运算，很高兴我们知道有一个表示法可以容纳它.

习题 1.4.1 退回到 2002 年，我们算得宇宙的年龄粗略地说是 4×10^{17} 秒，这个计算结果是 10 多年前的. 时至今日，试重新以秒来计算宇宙大致的年龄.

习题 1.4.2 据估算，亚历山大图书馆已藏书多达 400 000 册（真正的纸莎草卷轴），而美国国会图书馆现藏书约 2.8×10^6 册. 一共有多少卷呢？

1.5 可能会更糟糕

注意：这是一本数学书. 我们试图假装它不是，但它的确是.

这意味着它会有行话,我们会尽量把它们降到最少,但不能完全避免使用技术术语.这意味着你会不时遇到奇怪的数学公式.这意味着它将有很长时间的讨论,旨在解决人为提出的问题,受制于看似武断的假设.数学教材名声不佳,我们很遗憾地说,这在很大程度上是活该.

谨记:可能会更糟糕.例如,你可以读一本关于康德的书.现在,康德是西方哲学中的一位伟人,一位塑造了许多现代思想的开拓性的天才.大英百科全书称他是"启蒙运动中最重要的思想家和有史以来最伟大的哲学家之一".但只要读他写的一句话:

判断某一对象是美的还是不美的主要通过想象力,或者想象力和知性相结合,从而与主体及其愉快或不愉快的情感相联系,而不是通过知性把某一对象和知识联系在一起.

更重要的是,这不是从康德某一本书中挖掘出来的一块金子.事实上,这是康德的《判断力批判》一书的开篇第一句话.

我们不想在这里反智,也不想恶意中伤其他学科.恰恰相反,事实上,我们想说的是,任何一个思想体一旦超越保险杠贴纸上的流行语的水平,就需要一种语言和一套自己的惯例.如果人们要进一步交流和发展这些想法,并将其塑造成一个连贯的整体,这些就提供了必要的精确性和普遍性.但是,它们也会产生令人遗憾的影响,使很多材料对一个漫不经心的读者来说难以获取.数学和大多数严肃的学科一样,都有这种问题.

换句话说,重点不是我们刚才引用的康德的话是含糊不清的,它不是.(如果这是我们的本意的话,我们本可以挖掘出足够多的学术论文样本.) 事实上，这是建立哲学美学理论的一次严肃而极具影响力的尝试的开始. 因此，如果不努力思考，可能会很难理解. 重要的是要记住，语言的明显晦涩是这种困难的反映，而不一定是造成这种困难的原因.

所以，下次读本书的时候，遇到一个大约 30 页之前被定义的术语与它的表面含义相反，或者一个似乎不知从何而来的公式，你显然会发现它是不言而喻的，记住：可能会更糟糕.

第 2 章

乘 法 原 理

2.1 选择

某个早晨你从床上爬起来，仍然感到有些昏昏欲睡．你摸索着走到衣柜前，发现干净的衣服只剩下 4 件衬衫和 3 条裤子．不考虑任何美观或时尚的标准：衬衫和裤子可以任意搭配，在这个过程中，你需要的仅仅就是能引领你到达拐角咖啡馆的那一杯美味的咖啡．问题是：

你能够用这 4 件衬衫和 3 条裤子进行多少种不同的搭配？

的确，上面这句话使这个故事转向了奇怪的方向．为什么你或其他人应该关心究竟可以有多少种搭配？好吧，当我们试图回答的时候，请容忍我们．

实际上，如果你思考过这个问题，可能已经找到答案：这 4 件衬衫中每件都可以与 3 条裤子中的 1 条来搭配，具体取决于你选择哪条裤子，因此所有可能的搭配一共有 $3×4=12$ 种．（或者，如果想从下往上进行搭配，则 3 条裤子中的每条都可以与 4 件衬衫中的 1 件进行搭配；所以无论哪种方式，答案都是 $3×4$.）如果我们真的很挑剔，则可以做一张表：假定这 4 件衬衫分别是马球衫、纽扣衬衫、背心以及集合了你最喜欢的运动服的优点的 T 恤，裤子则由牛仔裤、工装裤和短裤组成．然后可以将所有搭配如图 2-1 这样列出．

马球衫 &牛仔裤	纽扣衬衫 &牛仔裤	背心 &牛仔裤	T恤 &牛仔裤
马球衫 &工装裤	纽扣衬衫 &工装裤	背心 &工装裤	T恤 &工装裤
马球衫 &短裤	纽扣衬衫 &短裤	背心 &短裤	T恤 &短裤

图 2-1

现在，你知道我们不仅仅止步于此．假定接下来除了选择 1 件衬衫和 1 条裤子，还需要在 2 双鞋中选择 1 双．那么这会有多少种搭配呢？

当然，思想还是一样的：对每一种可能的衬衫/裤子的组合，都有两种选择鞋的方式，所以总的搭配数为 $4×3×2=12×2=24$ 种．如果除此之外还有 5 顶帽子可供选择，则可能的搭配总数将为 $4×3×2×5=120$ 种．

现在到了中午，你前往比萨之家准备选择比萨作为今天的午餐．所点的比萨包括 1 种肉馅和 1 种蔬菜馅，比萨之家为你提供了 7 种肉馅和 4 种蔬菜馅，则其中有多少种不同的比萨可供你进行选择?

你可能会说:"这是同样的问题,只是数字不同而已!"你说得没错.对这 7 种肉馅,你可以添加 4 种蔬菜馅中的任何一种,因此可以进行选择的所有不同的比萨总数为 $7 \times 4 = 28$.

夜幕降临,你的室友让你选择 3 部电影来看.他们要求选择的 3 部电影中包括 1 部动作片、1 部浪漫喜剧片和 1 部专题喜剧片.在你所订阅的电影资源中一共包括 674 部动作片、913 部浪漫喜剧片和 84 部专题喜剧片.你有多少种方式来选择这 3 部电影?

"这又是同样的问题!"你可能会想:答案就是动作片的数量 674 乘以浪漫喜剧片的数量 913 再乘以专题喜剧片的数量 84,即

$$674 \times 913 \times 84 = 51\ 690\ 408$$

相信我——我们正是沿着这个思路来想的.正如你所想,现在该陈述我们这样做的一般规则,这就是乘法原理:

> 做出一系列独立选择的方式的数目是每一步中可选择数之积.

这里的"独立"是指你所做出的第一选择不会影响到第二选择的数目,依此类推.例如,在上面的第一种情况——早晨的穿搭——相当于完全没有时尚感.

乘法原理很容易理解和应用,但是用合理连贯的语言来陈述是困难的,这就是为什么我们在介绍它之前要先举 3 个例子.实际上,你可能会发现例子比原理本身更具启发性,如果方框中的概念对你来说晦涩难懂,请记住:"4 件衬衫和 3 条裤子等于 12 种搭配."

习题 2.1.1 你有 7 种颜色的指甲油和 10 个手指. 假定你不能在每个指甲上使用 1 种以上颜色的指甲油,但可以在不同的指甲上使用不同的颜色. 如果不关心搭配,则有几种方法来涂指甲油?

2.2 单词计数

一种老式的车牌号码是由一个 3 个数字的序列后跟 3 个字母组成,则可能有多少种不同的老式车牌号?

这很容易回答:每个数字有 10 种选择,每个字母有 26 种选择;并且由于这些选择均不受任何限制,因此可能的车牌总数为

$$10 \times 10 \times 10 \times 26 \times 26 \times 26 = 17\ 576\ 000$$

一个与之类似的问题是:假设目前的"单词"是由英文字母中 26 个字母的任何有限序列组成——我们不对实际单词和任意的序列进行区分. 有多少个由 3 个字母组成的单词?

这与车牌问题(或至少是车牌问题的后半部分)相同:对每个字母有 26 种独立的选择,因此,由 3 个字母组成的单词数有 $26^3 = 17\ 576$ 个. 一般来说,

1 个字母组成的单词数 $= 26$

2 个字母组成的单词数 $= 26^2 = 676$

3 个字母组成的单词数 $= 26^3 = 17\ 576$

4 个字母组成的单词数 $= 26^4 = 456\ 976$

5 个字母组成的单词数 $= 26^5 = 11\ 881\ 376$

6 个字母组成的单词数 $= 26^6 = 308\ 915\ 776$

依此类推.

接下来，假设一个班级有 15 名学生，并且他们决定选班委：班长，副班长，秘书和财务. 这里有多少种可能的名单? 也就是说，选择 4 个班干部的方法有多少种?

实际上，根据是否允许一名学生担任一个以上的职位，这个问题有两个方面. 如果首先假定对一个人可以担任多少职位没有限制，那么这与我们刚刚所研究的问题相同：可以对 4 个职位分别做出选择，而且它们都是独立的，因此可能的选择总数为

$$15 \times 15 \times 15 \times 15 = 50\,625$$

另一方面，现在假定我们强加了一个规则，即任何人最多只能担任一个职务. 那么现在有几种选择班干部的方法?

当然，这也可以通过乘法原理来计算. 首先选择班长；显然，有 15 种选择方法. 接下来，选择副班长. 现在，我们的选择实际上受到了限制，因为新选出的班长不再符合资格，因此必须在其余 14 名学生中进行选择. 接着，我们选择 1 个担任秘书，该秘书可以是除了已经选出的 2 个管理者之外的班上的任何人，因此有13 种选择；最后，我们从除了班长、副班长和秘书之外的班上剩下的 12 名学生中选出 1 个担任财务. 总的来说，可供选择的数量为

$$15 \times 14 \times 13 \times 12 = 32\,760$$

这里注意一点：在这个例子中，副班长的实际选择的确依赖于班长的人选；秘书的选择也依赖于班长和副班长的人选，依此类推. 但是选择的数量并不依赖于我们之前的选择，因此乘法原理仍然适用.

同样，我们可以修改一下之前的关于 3 个字母的单词数量的问题，问：有多少个由没有重复字母的 3 个字母组成的单词？该解决方案完全类似于选择班级管理者的问题：第一个字母的选择有 26 种，第二个字母有 25 种，第三个字母有 24 种，因此一共有

$$26 \times 25 \times 24 = 15\ 600$$

个这样的单词．

一般地，我们可以这样计算：

1 个字母组成的单词数 $= 26$

不含重复字母的 2 个字母组成的单词数 $= 26 \cdot 25 = 650$

不含重复字母的 3 个字母组成的单词数 $= 26 \cdot 25 \cdot 24 = 15\ 600$

不含重复字母的 4 个字母组成的单词数 $= 26 \cdot 25 \cdot 24 \cdot 23 = 358\ 800$

不含重复字母的 5 个字母组成的单词数 $= 26 \cdot 25 \cdot 24 \cdot 23 \cdot 22 = 7\ 893\ 600$

不含重复字母的 6 个字母组成的单词数 $= 26 \cdot 25 \cdot 24 \cdot 23 \cdot 22 \cdot 21 = 165\ 765\ 600$

依此类推．注意，这里我们使用一个简单的点"·"来代替乘法符号"×"．通常，当有一个包含很多乘法的表达式时，我们将使用这种更简单的表示来避免混乱．有时会完全省略乘法标志：例如，将 $2 \times n$ 写为 $2n$．

现在，有一个有趣（如果有点沾边）的问题．让我们对每种长度的单词的总数与没有重复字母的单词数进行比较．具有重复字母的单词数和没有重复字母的单词数占总的单词数的百分比各是多少？当然，随着单词长度的增加，我们将看到所有单词中具

有重复字母的单词的比例更高——相对而言，只含有 2 个或 3 个字母的单词很少有重复的字母，而且每个具有 27 个或更多字母的单词都必然有重复的字母. 那么，我们可能会问：什么情况下不含重复字母的单词的比例会下降到一半以下？换句话说，当单词为多长时含有重复字母的单词的个数比不含重复字母的单词的个数要多？

在我们将数据制成表格并给出答案之前，你可能需要花几分钟时间思考这个问题. 你的猜测是什么？制成的表格如表 2-1 所示.

表 2-1

长度	单词数	未重复	未重复百分比（%）
1	26	26	100.00
2	676	650	96.15
3	17 576	15 600	88.76
4	456 976	358 800	78.52
5	11 881 376	7 893 600	66.44
6	308 915 776	165 765 600	53.66
7	8 031 810 176	3 315 312 000	41.28
8	208 827 064 576	62 990 928 000	30.16
9	5 429 503 678 976	1 133 836 704 000	20.88

令人惊讶的是：在所有 6 个字母组成的单词中，含有重复字母的单词几乎占了一半，而在 7 个字母组成的单词中，含有重复字母的单词数已经远超不含重复字母的单词数. 一般而言，不包含重复字母的单词所占的百分比会很快下降：到了 12 个字母组成的单词时，20 个单词中不到 1 个单词是不含重复字母的. 在 5.6 节中讨论生日问题时，我们将看到这种现象的另一个示例.

习题 2.2.1 假设想要选择 1 个班长、1 个副班长、1 个秘书和 1 个财务，前提是每个人不能担任 1 个以上的职务，但是这次的计划是先选择财务，然后是秘书，接着是副班长，最后是班长. 现在有多少种方法来选择这 4 个管理者? 这与前面进行过的计算有何关系?

习题 2.2.2 希腊字母表有 24 个字母, 而俄语字母表有 33 个字母.

1. 预测长度为 n 的希腊字母所组成的单词中不含重复字母的单词的百分比将小于还是大于长度为 n 的英文字母所组成的单词中不含重复字母的单词的百分比.

2. 预测长度为 n 的俄罗斯字母所组成的单词中不含重复字母的单词的百分比将小于还是大于长度为 n 的英文字母所组成的单词中不含重复字母的单词的百分比.

3. 计算希腊文和俄文中长度分别为 1、2、3、4 和 5 的单词中含有重复和不含重复字母的单词数, 看看你的预测是否正确.

2.3 一系列选择

值得一提的是乘法原理有两种特殊情况在计算时很常见, 因此, 我们将在这里进行说明. 对于我们来说, 这不算新的内容, 在前面的例子中遇到过.

两种情况都涉及从一个包含对象的总体中进行一系列选择. 如果对选择没有任何限制, 则乘法原理的应用特别简单: 每一次都是从包含所有对象的总体中做出选择. 例如, 如果计算从 26 个字母中选择由 3 个字母组成的单词的个数——这里的 "单词" 同样表示的是由任意字母组成的序列——则有 26^3 个; 如果计算从 22 个字母中选择由 4 个字母组成的单词的个数, 则为 22^4, 依此类推. 一般来说, 我们有以下规则:

> 从 n 个对象组成的集合中选择 k 个组成序列，可能的方式有 n^k 种.

第二种特殊情况涉及相同的问题，但是有一个常用的限制：再次考虑从同样的总体中选择对象组成序列，但是这次不允许两次选择同一对象. 因此，第一个选择是在集合中所有的对象之中进行的，第二个选择是在除第一个之外的所有对象中进行选择的，第三个选择则是在除前两个之外的所有对象中进行，依此类推. 如果通过 k 次选择组成序列，那么最后一个将是在除已选择的 $k-1$ 个之外的所有对象中进行选择. 因此，正如我们所看到的，在含有 26 个字母的字母表中，由没有重复字母的 3 个字母所组成的单词的个数为 26·25·24；在包含 22 个字母的字母表中，由没有重复字母的 4 个字母组成的单词的个数为 22·21·20·19；依此类推. 通常，如果总的对象数为 n，则第一个选择将是从所有 n 个对象中进行，第二个则是在 $n-1$ 个中进行选择，依此类推. 如果总共要进行 k 次选择，则做出最后一个选择时将排除已经选择的 $k-1$ 个对象，也就是说，将在剩余的 $n-(k-1)=n-k+1$ 个对象中进行选择. 因此，这种排序的总数是从 n 到 $n-k+1$ 的数字的乘积. 我们将其写为

$$n \cdot (n-1) \cdot (n-2) \cdots (n-k+1)$$

中间的省略号表示继续乘以以 n、$n-1$ 和 $n-2$ 开头的直到 $n-k+1$ 的序列中所有连续的整数. 总结如下：

> 不重复地从 n 个对象组成的集合中选择 k 个组成序列，可能的选择方式有 $n \cdot (n-1) \cdot (n-2) \cdots (n-k+1)$ 种.

习题 2.3.1　一种彩票的获胜规则是从包含标有"1"到"36"的乒乓球的箱子中挑选 6 个乒乓球，依次得到介于 1 到 36 之间的 6 个数字作为中奖号码．已经选出的乒乓球不会放回，也就是说，选择的序列中同样的数字不能出现两次．有多少种可能的结果？

请注意，在这个练习中，乒乓球的选择是与顺序有关的：如果获胜的排序为"17 - 32 - 5 - 19 - 12 - 27"，而你的选择为"32 - 17 - 5 - 19 - 12 - 27"，第二天你不必去上班，告诉老板你对她的真实看法．

习题 2.3.2　希伯来语有 22 个字母．希伯来语中有多少个由 5 个字母组成的单词？（再次说明，这里的"单词"是指希伯来语中任意 5 个字母组成的序列．）其中不含重复字母的单词所占的比例是多少？

2.4　阶乘

我们在上一节中描述的两个公式都是乘法原理的特例．值得一提的是，第二个公式又有一个特例是常见的．与前面一样，我们从一个例子开始讲解．

问题 2.4.1　假设一年级有一个班级是由 15 名学生组成，课间休息时想将他们排成一排．有多少种排列方式？即可以有多少种不同的顺序来进行排列？

解　我们这样来考虑：我们有 15 个选择确定谁将排在第一位．一旦选择了排头后，便有 14 个可能的选择确定谁将排在第二

位，13 个选择排第三位，依此类推．实际上，我们在这里所做的就
是从班级的 15 名学生中选出 15 名组成一个序列，而且不能重复；
我们可以采用在上一节中得到的公式或直接计算的方法，答案是

$$15 \cdot 14 \cdot 13 \cdot 12 \cdot 11 \cdot 10 \cdot 9 \cdot 8 \cdot 7 \cdot 6 \cdot 5 \cdot 4 \cdot 3 \cdot 2 \cdot 1$$

$$= 1\ 307\ 674\ 368\ 000$$

或者大约为 1.3×10^{12}——超过一万亿种排序． ■

通常，如果问在一个序列中摆放 n 个对象有多少种方式，答案就
是 1 到 n 之间所有整数的乘积．这是一个在数学中（特别是在计算问
题中）经常出现的量，它具有自己的名称和符号：

从 1 到 n 的数字的乘积 $n \cdot (n-1) \cdot (n-2) \cdots 3 \cdot 2 \cdot 1$
记为 $n!$，称为"n 的阶乘"．

表 2-2 是一个直到 15 的阶乘表．

表 2-2

n	$n!$
1	1
2	2
3	6
4	24
5	120
6	720
7	5040
8	40 320
9	362 880
10	3 628 800
11	39 916 800
12	479 001 600
13	6 227 020 800
14	87 178 291 200
15	1 307 674 368 000

关于这些数字有很多有趣的事情，仅仅这些数的大小就是一个有趣的问题：我们已经看到 15 的阶乘超过了一万亿，那么 100 的阶乘大约是多大的数？但是现在我们暂时不考虑这些问题．关于这一点，在大多数情况下会使用阶乘以简化表达．我们从上一节的最后一个公式开始．

很明显，写成 15！比写成乘积 $15 \cdot 14 \cdot 13 \cdot 12 \cdot 11 \cdot 10 \cdot 9 \cdot 8 \cdot 7 \cdot 6 \cdot 5 \cdot 4 \cdot 3 \cdot 2 \cdot 1$ 的形式简单得多．但是，有时候使用这个符号的方便性也不那么明显．例如，假设我们想从班级的 15 名学生中组建一支棒球队——从班级的 15 名学生中选出 9 个组成一个序列，而且不能重复选择．那么投手有 15 种选择，捕手有 14 种选择，一垒手有 13 种选择，依此类推．当选择第 9 个也就是最后一名球员时，将在剩下的 $15-8=7$ 名学生中进行选择，总的可能组建的球队数为

$$15 \cdot 14 \cdot 13 \cdot 12 \cdot 11 \cdot 10 \cdot 9 \cdot 8 \cdot 7$$

但是，使用阶乘可以更快地写出这个数字．本质上，我们可以将此乘积视为从 15 到 1 的所有数字的乘积，然后除了被省略的从 6 到 1 的数．换句话说，就是从 15 到 1 的所有数字的乘积除以从 6 到 1 的数的乘积，或表示为

$$\frac{15!}{6!}$$

现在，这似乎是乘积表述的一种奇怪方式：首先将所有数字从 15 乘到 1，然后除以不需要的数字的乘积，这看起来似乎效率较低．事实是，没有人会以这种方式计算出这个数字．但是就像符号"15!/6!"所示，其占用的空间比"$15 \cdot 14 \cdot 13 \cdot 12 \cdot 11 \cdot$

10 · 9 · 8 · 7"要少得多，所以我们将继续使用简单的表示方法．例如，我们重新写出上一节的公式如下：

> 不重复地从 n 个对象组成的集合中选择 k 个组成序列，可能的选择方式有 $\dfrac{n!}{(n-k)!}$ 种．

关于阶乘的表示方法，最后需要补充一点：通常我们约定 $0!=1$. 可以将其视为回答下面问题的答案："有多少种方式可以对 0 个对象进行排序？"但是我们会忽略其在哲学上存在的问题，并将其简单地接受为一种符号约定：正如我们将看到的那样，它只是使公式的输出更加简单．

习题 2.4.2 当 $0<j<k<n$ 时，$n!/j!$ 和 $n!/k!$ 哪一个更大？为什么？

习题 2.4.3 $n!$ 和 n^n 哪个大？为什么？

习题 2.4.4 来自世界各地的 13 名运动员正在参加 2020 年奥运会[一]的跳栏比赛．根据赛事的结果，我们将确定谁获得金牌、谁获得银牌以及谁获得铜牌．有多少种可能的结果？

2.5 何时考虑顺序

乘法原理本身是非常简单的．但是有时可能使用的方式不止一种，在所有可能的方式中，有时一种方式起作用而另外一种不

一 2020 年东京奥运会因疫情取消．——编辑注

起作用．换句话说，我们必须做好灵活运用乘法原理的准备．在本书的此部分中，我们将看到许多关于如何应用乘法原理的示例，下面就是其中之一．

　　首先，让我们来解决一个简单的问题：可以使用数字 1 到 9 来组成多少个没有重复数字的三位数？正如我们已经提到过的，这是非常简单的：第一个数字有 9 种选择，第二个数字有 8 种选择，第三个数字有 7 种选择，总共有

$$9 \times 8 \times 7 = 504$$

种选择的可能．

　　现在让我们稍微改变一下这个问题，假如问："这 504 个数字中有多少是奇数？"换句话说，多少个三位数字的第三位上是 1，3，5，7 或 9？

　　我们可以尝试用同样的方法做这个问题：与前面一样，第一个数字有 9 种选择，第二个数字有 8 种选择．但是当选择第三位数时，我们遇到了困难．例如，如果选择的前两位数字是 2 和 4，那么第三位数可以是数字 1，3，5，7 或 9 中的任意一个，因此有 5 种选择．但是，如果前两位数字是 5 和 7，则第三位数就只能是 1，3 或 9：我们仅仅只有 3 种选择．换句话说，每次的选择似乎并不独立．

　　但是，如果我们按照不同的顺序进行选择，那么它们就是独立的！假设不是先选择第一位数字，然后第二位，接着第三位，而是从右向左选择——换句话说，首先选择第三位的数，然后选择中间的，最后选择第一位的数字．现在，我们可以在数字 1，3，5，7 或 9 中自由选择作为最后一位数，共有 5 种可能．中间数字的选择仅受到以下条件的限制：不能重复我们已经选择的数字．

因此，有 8 种可能，同样，第一位上有 7 种可能的选择．因此有

$$5 \times 8 \times 7 = 280$$

个满足条件的三位数．

有时，我们发现自己处于似乎无法应用乘法原理的情况下，但实际上，只要多思考一下就可以很容易地应用它．下面介绍另一个例子：

问题 2.5.1 一个有 15 名学生的班级，要求学生必须穿着校服——一件橙色或黑色的马球衫．今天有 8 名学生选择了橙色校服，而其他 7 名学生则穿着黑色的校服．假设出于美观的原因，老师希望排成一排的学生中，任意两名穿着橙色衬衫的学生不能彼此挨着．有多少种方式可以做到这一点？

解 实际上，在给出解决方案之前，让我们花点时间看一下，在这种情况下乘法原理是不能直接用的．事实上，如果尝试使用与解决问题 2.4.1 相同的方法，那么在第二步时就会遇到问题．就是说，似乎像前面一样有 15 种选择谁将排在第一位．但是，第二位可能依赖于我们第一位的选择：如果选择一名穿黑色马球衫的学生排第一位，那么排第二的将不受限制，有 14 种可能；但是如果选择橙衫的学生排第一，则必须从 7 名穿着黑衫的学生中选择一名排在第二位．

换句话说，需要换一种不同的方法．在这里很幸运，可以采用这种方法：我们这样考虑，15 名学生中有 8 名穿橙衫，而且两名穿橙衫的学生不能排在一起，所以必须以橙色/黑色/橙色/黑色这样的形式交替排列，直到最后的位置，而且最后的这个位置必须是穿着橙衫的学生．换句话说，队列中奇数位必须全部由穿橙

衫的学生占用,偶数位必须由穿黑衫的学生占用.

因此,在不允许穿橙色衬衫的学生相邻的约束下对整个班级的学生进行排序,我们必须对 8 名穿橙衫的学生进行排序,另外还要对 7 名穿黑衫的学生进行排序,然后从第一个穿橙衫的学生开始对整个班级学生进行排序,接下来交替排列穿不同颜色马球衫的学生.我们知道有 8! 种方式排列八名同学以及 7! 种方式来排列 7 名同学,因此乘法原理告诉我们,排列整个班级学生的方式的总数是

$$8! \cdot 7! = 203\ 212\ 800$$

一个与之相关的难题:

问题 2.5.2 假设有 6 名穿着橙衫的学生和 9 名穿着黑衫的学生,同样,我们想对他们进行排列,并且要求穿着橙衫的学生不能彼此相邻.有多少种方式可以做到这一点?

实际上,这是一个困难得多的问题,因为我们无法利用问题 2.5.1 中使用的技巧.但是,后面你将会学到该如何处理这个问题.因此,请花点时间考虑一下,试着解决该问题,我们会在 4.3 节解决它.

习题 2.5.3

1. 100 到 999 之间有多少个数字是由没有重复的数字组成的?

2. 三位数的奇数有多少个?

习题 2.5.4 考虑由 1 到 9 之间的 4 个不同的数所组成的所有数中,有多少个是奇数?

第3章

减 法 原 理

英语字母表里共 26 个字母，分为元音字母和辅音字母两类．为了方便讨论，我们假定 A，E，I，O 和 U 为元音字母，B，C，D，F，G，H，J，K，L，M，N，P，Q，R，S，T，V，W，X，Y 和 Z 为辅音字母．那么，请快速回答：辅音字母有多少个呢？

在序列 B，C，D，F，…中，你能数出来多少个字母呢？也许不算多：数出来元音字母的个数要容易得多，从字母总数（26）中减去元音字母数（5），就能够得出辅音字母共 $26-5=21$ 个的答案．

这就是减法原理的全部内容，它是继乘法原理之后我们要用到的第二种基本计数工具．它并没有什么高深之处——实际上仍然是一种观测——但我们还是要重视它：

> 集合中满足某个条件的元素个数等于集合中的元素总数减去不满足条件的元素个数．

关键是，后者往往比前者更容易计算．它很难保证自己受到重视,但是结合乘法原理,它能给我们提供许多不同的方法来解决大量计数问题.事实上,正如我们在本章和下一章将会看到的那样,它极大地拓宽了我们所能解决的问题的范围.

我们从一些简单的例子开始讨论.

3.1 计数补集

这一次,你的房间里将会播放三部电影:一部动作片,一部浪漫喜剧片,一部专题喜剧片.你的流媒体服务目录列出了 674 部动作片(其中 489 部关于追车)、913 部浪漫喜剧片(其中 217 部关于追车)和 84 部专题喜剧片(其中两部关于追车,似乎有些令人费解).但有一个限制:你的室友告知你,如果你选择了三部以追车为主题的电影,他们就会正式把你赶出房间.选择三部以追车为主题的电影的可能性是多大?

我们可以试着用乘法原理来解决这个问题,就像你房间里的反追车电影派提出要求之前那样做.但很明显这是行不通的.当然,我们可以自由选择动作片,有 674 种选择.我们也可以自由选择浪漫喜剧片,有 913 部电影可供选择.但是当选择最后一部电影的时候,我们的选择取决于之前的选择是什么:如果前两部电影都不是追车主题的,则可以在 84 部专题喜剧片中自由选择第三部;但是,如果前两个选择都是追车主题的,那么第三部电影的选择仅限于那些并非该主题的 82 部电影.改变选择的顺序也于事无补:不管怎么做,最后一部可供选择的电影数都取决于前两个选择.

第一部分 计 数

那么，该怎么做呢？其实很简单．我们已经知道，如果没有限制的话总共会有多少种选择：算出来后，结果是 $674 \times 913 \times 84 = 51\,690\,408$ 种．

与此同时，如果想要待在房间里，很容易就可以计算出被排除掉的三部电影都为追车主题的选择数：可以选择 489 部追车主题的动作片中任何一部，217 部追车主题的浪漫喜剧片中任何一部，以及两部追车主题的专题喜剧片中任何一部，共有 $489 \times 217 \times 2 = 212\,226$ 种三部电影都为追车主题的禁选项．因此，允许的选择方式共有 $51\,690\,408 - 212\,226 = 51\,478\,182$ 种，应该说是足够多了．

我们再讨论一个类似的问题（有些人可能会觉得这是同样的问题）．我们已经计算了由 4 个字母组成的单词的数量，这里指的是英语字母表中 26 个字母的任意 4 字母序列．我们现在要问：这样的单词中有多少个至少含有 1 个元音？（这里我们坚持 Y 不是元音的惯例．）

和上一个问题一样，乘法原理似乎一直奏效，直到我们看到最后一个字母时它才失效．第一个字母有 26 种选择，第二个也有 26 种选择，第三个同样有 26 种选择．但是当谈到最后一个字母的选择时，我们不知道会有多少种选择：如果前三个选择中恰好有一个是元音，则现在可以随意选择单词的最后一个字母，但是如果前三个字母都不是元音，那么只能从 5 个元音中选择其一作为最后一个字母．

相反，使用减法原理：我们知道总共有多少个单词，再从中减去完全由辅音字母组成的单词的数量．这两个计算都很简单：所有可能的单词数是 26^4，4 个字母中只有 1 个辅音的单词数是 21^4，所以这一问题的答案是 $26^4 - 21^4 = 456\,976 - 194\,481 = 262\,495$.

再举一个例子：在第 1 章中，我们学习了如何回答诸如"34 和 78 之间有多少个数字？"以及"34 和 78 之间有几个数能被 5 整除？"这样的问题. 假如现在有人抛给你这样一个问题："34 和 78 之间有多少个数不能被 5 整除？"

显而易见，这是一个应用减法原理的例子. 我们知道 34 和 78 之间的数共有 $78 - 34 + 1 = 45$ 个，而且第一个和最后一个能被 5 整除的数是 $35 = 7 \times 5$ 和 $75 = 15 \times 5$，这个范围内能被 5 整除的数除以 5 后得到的商是 7 到 15 之间的数，共有 $15 - 7 + 1 = 9$ 个.

所以，根据减法原理，34 到 78 之间不能被 5 整除的数字个数是 $45 - 9$，即 36 个.

习题 3.1.1　你的老板埃比尼泽·斯克鲁奇勉强允许你周六和周日不上班，但坚持让你每周一、周二、周三、周四和周五去工作，而不理会任何公共节假日.

1. 第一天为星期日的平年里你必须要工作多少天？

2. 第一天为星期二的平年里你必须要工作多少天？

3. 这样的安排公平吗？

习题 3.1.2　继续讨论习题 2.4.4，假设参加越野障碍赛马比赛的 13 名运动员中有 3 名来自摩尔多瓦（似乎障碍赛在摩尔多瓦是一项很受重视的赛事）. 至少有一名摩尔多瓦人获得奖牌的赛事结果有多少种（赛事结果指的是决定谁得金牌，谁得银牌，谁得铜牌）？

习题 3.1.3　由 6 个字母组成的单词中，有多少个至少含有一个重复出现的字母？（这里的字母是指英语字母表中出现的 26 个字母．）

习题 3.1.4 假设一个电话号码有 7 位数字，而且不能以 0 开头．

1. 有多少个可能的电话号码？
2. 至少包含一个偶数的电话号码有多少个？

3.2 计数艺术

有了减法原理，我们可以应用于计数问题的技巧数量又翻了一番．但是，拥有多个技巧的一个缺点是，解决问题的方式不再是明确的：我们可能需要使用某一种技巧，或者另一种，或者组合使用多个技巧．这是计数艺术的雏形，为了发展我们的技巧，我们将用它们来解决几个问题．

首先，让我们回到有着 15 名学生的那个教室，但这次不用担心每个学生穿什么颜色的衬衫，我们会把问题变得更复杂一点：假设班上的 2 名学生贝基和伊桑是真正调皮捣蛋的学生，两人中任何一名都不守规矩到心理变态的地步，这世上你最不希望看到的事情就是他们俩排队的时候站在一起．所以，我们要解决的问题是：

问题 3.2.1 在班级学生排队的时候有多少种方法可以让贝基和伊桑不挨在一起？

解 这里当然可以应用减法原理：如果不做任何限制，我们知道有 15！种方式来对班级学生进行队列排序，所以，如果能算出有多少种排列方式可以让贝基和伊桑挨在一起，就可以从总数中减去它并得到答案．

那么，怎么算出贝基和伊桑相邻的队列数呢？我们似乎还没有完全解决这个问题：接下来会看到乘法原理在这里行不通，至少在问题 2.4.1 中是行不通的．我们可以选择 15 名学生中的任何一人来排在队列的第一个，但是排在队列第二个位置的选择数就取决于第一个位置排的是贝基还是伊桑，还是其他 13 名学生中的一名．而且，这种模糊性在此后每个排队阶段都持续存在：每个位置上可以排哪些人取决于前一个位置排的是哪些人．

但在这种情况下，还有其他方法可以应用乘法原理．在问题 2.4.1 的答案中，我们一次只对一个队列位置进行人员调配——从 15 名学生中选出一名排在队列的第一个位置，然后从剩下的 14 名学生中选出一名排在队列的第 2 个位置，依此类推．但是我们可以用另一种方法来解决这一问题：可以一次确定 1 名学生，给他分配一个队列位置．例如，我们可以从贝基开始，给她分配 15 个位置中的任意一个；然后去找伊桑，把剩下 14 个名额中的任意一个分配给他，依此类推，直至给 15 名学生都分配完队列位置．

如果我们处理的是问题 2.4.1，则采用两种方法中的哪一种并不重要：两者的结果都是 $15 \cdot 14 \cdot 13 \cdot 3 \cdot 2 \cdot 1 = 15!$．但对目前这一问题——试着计算出使得贝基和伊桑相邻的队列数——情况确实有所不同．

乍一看似乎并非如此．这样做的话，我们可以把贝基分配到 15 个队列位置的任意一个，但之后对伊桑的分配方案数取决于把贝基分配到哪个位置：如果贝基是被分配在第 1 个或第 15 个位置，我们将别无选择，只能分别将伊桑分配在第 2 个或第 14 个位置；如果贝基被分配到队列内部（非首尾）任何一个位置，那么我们可以选择把伊桑分配到她前面那个位置或她后面那个位置．所以，乘法原理在这里似乎也不管用．

　　但有一点不同．这样处理这个问题——一次确定一名学生，并依次给每名学生分配一个队列中的剩余位置——我们可以看出，一旦贝基和伊桑被分配到各自的位置，乘法原理就开始起作用了：把下一名学生分配到队列中有 13 种选择，把再接下来的学生分配到队列中有 12 种选择，依此类推．换句话说，如果我们把问题分解为先分配贝基和伊桑的队列位置，再分配其余 13 名学生的队列位置，则能够得到关系式

{贝基和伊桑相邻的班级队列数}

={把贝基和伊桑分配在队列相邻位置}×13!

　　现在还需要数一数把贝基和伊桑分配在队列中相邻位置上的方案数．这并不难：如上所示，有两种方案可以让贝基占据末端位置，有 13×2＝26 种方案可以让贝基占据内部位置（第 2 个到第 14 个位置），总共有 28 种方案．或者可以这样计算：给贝基和伊桑指定队列中的相邻位置，我们可以首先指定他们占据的成对相邻位置——第 1 个和第 2 个位置，或者第 2 个和第 3 个位置，依此类推，直到第 14 个位置和第 15 个位置——然后说明哪一个队列位置是贝基所占据的．对于第一种方案，有 14 种选择，对于后两种方案，根据乘法原理我们得出有 28 种方案能将贝基和伊桑分配到队列中的相邻位置．

总而言之，我们得到

$$\{贝基和伊桑相邻的班级队列数\} = 28 \times 13!$$

而相应地，

$$\{贝基和伊桑不相邻的班级队列数\}$$
$$= 15! - 28 \times 13! = 1\ 133\ 317\ 785\ 600$$ ∎

习题 3.2.2 解决完问题 3.2.1 之后，仍使用上述方法，但不使用减法原理，也就是说，通过计算贝基和伊桑被分配到班级队列中两个不相邻位置的方案数，以及余下 13 名学生分配到余下 13 个队列位置的方案数，来计算贝基和伊桑不相邻的班级队列数．你的答案与上述一致吗？

继续进行之前，我们想强调一点，它在问题 3.2.1 及其解答中得到了说明．这是学习和研究数学的一个重要方面，没有领会到它是很多人在阅读数学书籍时感到沮丧的原因．简单说来就是：公式没什么用．至少，在某种意义上它们通常起不了什么作用，因为你可以代入适当的数字，稍做转换后得到答案．把公式当作指导，提出思考问题的有效方法才是更好的学习方式．

这可能不是你想听到的话．当夜深了，你的数学作业是你和床之间唯一的东西时，你并不想踏上探索和发现的光荣旅程．你只是想让别人告诉你怎么做才能得到答案，而公式可能就是这么做的．但是，实际上，这并不是它们存在的目的，领会到这个真相能让你避免陷入更深的误区．

现在你来尝试一下．

习题 3.2.3 新型车牌照含有 2 个字母（从 A 到 Z 的任何字母）

并紧随 4 个数字（从 0 到 9 的任何数字）.

1. 新型车牌照共有多少个？

2. 如果要求没有重复的字母和数字，新型车牌照的数量又是多少？

3. 至少包含一个数字"7"的新型车牌照有多少个？

习题 3.2.4 服装搭配问题：假设你有 8 件衬衫、5 条裤子和 3 双鞋子.

1. 假设你没有任何时尚品位，那么能搭配出多少套衣服？

2. 现在假设你可以做出任何服饰组合，除了红色裤子和紫色衬衫这一种搭配外. 你能搭配出多少套衣服？

3. 现在假设任何时候你穿紫色衬衫时必须穿红色的裤子. 你能搭配出多少套衣服？

下面的问题稍难一些，但涉及的思想和方法我们都已介绍过.

习题 3.2.5 让我们回到 15 名学生排队的问题上. 假设贝基和伊桑太过调皮捣蛋，以至于我们认为为了每个人的身心健康，至少应有两名其他学生将他们隔开. 这时有多少种可能的排队方式？

3.3 多重减法

即使是减法原理这样简单的思想也可以有复杂的推广. 这一节中，我们将会讨论从对象池中排除多于一个的对象类时的情形. 和减法原理本身一样，多重减法的基本概念更像是常识而不是算

术，为了详细描述这一点，我们将从一个与食品相关的例子开始
讨论.

考虑如下所列的 17 种蔬菜：

> 洋蓟，芦笋，甜菜，西蓝花，卷心菜，胡萝卜，
> 花椰菜，芹菜，玉米，茄子，莴苣，洋葱，
> 豌豆，胡椒，土豆，菠菜，西葫芦

其中，甜菜、胡萝卜、洋葱和土豆这四种属于根菜类蔬菜，玉米
和土豆这两种属于淀粉类蔬菜.现在我们想问：有多少种蔬菜既
不属于根菜类又不属于淀粉类？

显然，我们要做的是把根菜类蔬菜和淀粉类蔬菜的种数从总
数中减去，得到答案：

$$17 - 4 - 2 = 11$$

但是稍加思考（或者就此而言，实际计算）之后就会发现这
是不正确的：因为马铃薯既是根菜类蔬菜又是淀粉类蔬菜，所以
你减去了两次，因此正确答案是 12.

这就是本节的重点.这相当于观察到，当你要从对象池中排
除两类对象并计算剩余数量时，可以从池中的对象总数开始，然
后减去两个被排除类别中的每一种类对象的数量.但是之后必须
加回同时属于这两个类的对象的数量，因为它们被减去了两次.

原因与数学家所称的"容斥原理"有关：如果 A 和 B 是对象
池中的对象集（例如，上面考虑的根类蔬菜和淀粉类蔬菜的集
合），它们的并集元素数等于 A 中的元素数加上 B 中的元素数减去
交集中的元素数.如果我们将 $A \cup B$ 表示为 A 和 B 的并集，而将
$A \cap B$ 表示为 A 和 B 的交集，则容斥原理可以简洁地表示为：

> 对于给定池中的任意两组元素，其并集中的元素数等于每组元素数之和减去其交集中的元素数：
>
> $A \bigcup B$ 的元素数 $= A$ 的元素数 $+ B$ 的元素数 $- A \bigcap B$ 的元素数

因此，如果你想从对象总数中除去属于集合 A 和集合 B 的元素，就需要减去集合 A 和 B 中的元素个数，然后再加上其交集中的元素个数.

这里有一个更加数学化的例子：

问题 3.3.1 100 到 1000 之间有多少个数既不能被 2 整除又不能被 3 整除？

解 我们知道 100 到 1000 之间有 $1000 - 100 + 1 = 901$ 个数. 同样，可以计算出这个范围内能被 2 整除的数字个数：100 到 1000 之间的偶数（换句话说就是 50 到 500 范围内的数字乘以 2 的结果），共有

$$500 - 50 + 1 = 451$$

个. 类似地，能被 3 整除的数字是 34 到 333 范围内的数字乘以 3 的结果，共有

$$333 - 34 + 1 = 300$$

个. 因此，我们很容易想到从所有 901 个数中减去被 2 整除的 451 个数和被 3 整除的 300 个数.

但是，正如你可能已经发现的那样——我们已经忽略了那个要点——这将是错误的. 因为某些数既能被 2 整除又能被 3 整除，因此被减了两次. 为了纠正计数，我们必须把它们加回去一次.

那么，哪些数能够同时被 2 和 3 整除？答案是一个能同时被 2

和 3 整除的数一定能被 6 整除,反之亦然⊖. 因此,100 到 1000 之间能同时被 2 和 3 整除的数就是该范围内能被 6 整除的数,也就是说 17 到 167 范围内数字乘以 6 的结果. 这些数共有 $167-17+1=151$ 个,故这个问题的正确答案是 $901-451-300+151=301$. ∎

下面介绍一个和这个要点相关的复杂一些的例子. 我们还是保持惯例,所说的"单词"是指英语字母表中任意的字母序列.

问题 3.3.2 4 个字母组成的单词中有多少个不存在任何一个字母连续出现 3 次或 3 次以上的情形?

解 这道题很明显需要用到减法原理. 我们知道 4 个字母组成的单词总数是 $26×26×26×26=456\,976$ 个,只需要减去那些有一个字母连续出现 3 次及 3 次以上的单词数就能得到答案.

一个字母连续出现 3 次的四字母单词有两种:一种是前 3 个字母相同,一种是后 3 个字母相同. 每种情形下,这些单词的数量很容易根据乘法原理计算出来. 例如,要确定一个单词的前 3 个字母是相同的,必须确定指定字母(26 个选择)和最后一个字母(仍旧有 26 种选择),所以这种类型的单词共有 $26×26=676$ 个. 同样,后 3 个字母相同的四字母单词也有 676 个. 所以很容易就将 $2×676=1352$ 个单词给排除掉.

但这一次仍旧不完全正确:有 26 个单词全部 4 个字母都相同,同属于 2 个类别,因此被减去了 2 次!为了纠正计数,我们必须把它们加回去一次. 因此,正确答案是 $456\,976-1352+26=455\,650$ 个.

⊖ 这与算术基本定理有关,该定理说,每个整数都唯一地分解为素数的乘积. 由于 $6=2×3$,因此,当且仅当该数字可被 2 和 3 整除时,它才能被 6 整除.

实际上，还有另一种方法，它做的是同样的计算，但避免了多重减法的问题．我们可以计算出一个字母恰好出现 3 次的单词个数以及一个字母连续出现 4 次的单词个数，将它们相加，然后从四字母单词总数中减去二者之和．对于第一类，同样有两类这样的单词，但是在每一类中所含的单词数是不同的：与之前一样，在字母表的 26 个字母中选择重复的字母，但是因为这个字母恰好出现 3 次，所以必须从字母表剩余的 25 个字母中选择其一作为剩余的那个字母．这样的单词共有 $2 \times 26 \times 25 = 1300$ 个．同一字母出现 4 次的四字母单词共有 26 个，所以与之前计算的一样，正确答案是 $456\,976 - 1300 - 26 = 455\,650$ 个．∎

上面这个练习体现了减法原理另一层次的复杂程度，但如果开动脑筋，你应该能够做到．

习题 3.3.3 所有由 5 个字母构成的单词中，有多少个不存在同一字母连续出现 3 次及 3 次以上的情形？

习题 3.3.4 电话号码是由 7 个数字组成的，且不能以 0 为开头．

1. 共有多少个电话号码？

2. 有多少个电话号码至少包含一个数字 7？

3. 有多少个电话号码包含序列 123？

习题 3.3.5 将容斥原理推广到 3 个集合：

1. 如果 A、B、C 是给定对象池的 3 个元素集合，给出它们的并集 $A \cup B \cup C$ 中元素个数的表达式．

2. 使用上题得出的表达式来计算对象池中不属于 A、B 或 C 的元素个数．

第 4 章

集　　合

本章将介绍一个新的基本计数概念，这也是我们要学习的最后一个新公式．结合这个公式以及之前介绍过的概念，至少在这一部分的最后一章（选修）之前，我们能够对所有想要的对象进行计数．

这其实并不神秘．总体来说，在前两章中我们讨论了各种各样的问题，并计算了做出一系列选择的方法的数量．在每个实例中，要么是在不同的对象集合中进行选择（衬衫和裤子、比萨上的肉和菜、动作片和浪漫喜剧片），要么是在同一个对象集中进行选择．如果是后者，那么顺序就很重要：对由 4 个字母组成的单词进行计数时，POOL 与 POLO 并不相同．

我们现在要考虑的情况是，从同一对象池中选择对象集，且顺序无关紧要．首先，我们会回顾一下我们处理过的一些问题，并说明微小的变化会怎样将问题转化成这种情况．

4.1　集合与序列

这是新的一天，你再一次去比萨店吃午饭．然而，今天你感觉很饿并且很想吃肉：一份有 3 种肉类的比萨看起来很不错．假设比萨店仍然提供 7 种肉类配料，那么有多少种不同的比萨符合要求呢？

这一次你去图书馆，你叔叔让你拿 4 本有关恐龙的图画书来哄侄女开心．已知图书馆有 23 本有关恐龙的图画书，那么你有多少种不同的选择？

最后，让我们考虑一个有 15 名学生的高中班级．这次我们不打算挑选班干部，而是选择一个由 4 名学生组成的委员会．委员会的 4 名成员职权一律平等，只需要从班上 15 名学生中选择 4 名即可，那么可以成立多少个不同的委员会？

现在你明白了吗？在每一种情况下，我们都从一个公共对象池（配料、书籍、学生）中选择一个有特定数量对象的集合，且顺序无关紧要．就像订购香肠比萨饼、意大利香肠和汉堡与订购汉堡、意大利香肠和香肠比萨饼这两种情况，所得结果相同．这种情况经常出现，例如：当你在扑克游戏中被分发到 5 张牌或者桥牌游戏中被分发到 13 张牌时，你拿到牌的顺序并不重要．可能出现的手牌总是由 52 张牌中的 5 张或 13 张组成．用数学语言表述就是：当我们从一个公共对象池中进行一系列选择时，重要的是所选对象的总数，而不是它们被选择的顺序，这时称之为选择一个对象集合．在从不同对象池中进行选择或者顺序有影响时，称之为选择一个对象序列．

正如你所看到的，以上所有的问题归根到底是同一个问题，只不过是用不同的数字进行替换．事实上，这里只涉及两个数字：每一个例子中，可供选择的对象数实际上仅取决于我们从池中选择的对象数，以及选择出来构成对象集合的元素数．

因此，我们需要做的就是寻找一个计算这类集合数量的公式．我们将在下一节中讨论这个问题，然后将看到如何将该公式与我们推导出的其他公式结合起来，从而解决大量的计数问题．

4.2　二项式系数

好的一点是：集合数的公式非常简洁，便于书写和记忆．不好的一点是：它的推导不像我们之前所做的那么简单；事实上，搞清楚它需要一个间接的论证．我们要做的是如何在特定的情况下找到答案，一旦完成，就很清楚如何用任意的数字来替换那个例子中的特定数字．

我们以从一个 15 人的班级中选择 4 名学生组成委员会为例——这是一个计算可能形成的委员会数目的问题．同样，在这种情况下选择的顺序无关紧要：除非自己是特雷文或索菲娅，否则先选择特雷文后选择索菲娅和先选择索菲娅后选择特雷文的效果是一样的．归根到底，重要的是谁是委员会的成员，谁不是．既然可能形成的委员会与选择顺序无关，似乎就不能在此使用乘法原理．

但它确实适用——以一种古怪的、间接的方式．要了解它如何运用，让我们先关注另一个问题，即班干部问题：假设一名学生最多只能担任一个职务，我们要为班级选择班长、副班长、秘书和财务各一人，共有多少种方法？正如我们所见，乘法原理在这里很管用：我们选择出一个班长（15 种选择）、一个副班长（14 种选择）、一个秘书（13 种选择），最后是一个财务（12 种选择），共有

$$15 \cdot 14 \cdot 13 \cdot 12 \quad \text{或} \quad \frac{15!}{11!}$$

种可能的推举方案.

然而,假设现在想用一种不同的、有点反常的方法来解决同样的问题(尽管再次用到乘法原理).假设我们不是一次推举出一个班干部,而是把这个过程分为两个步骤:先选出一个由 4 名学生组成的委员会,他们将是班干部,然后再从这 4 名学生中选出班长、副班长、秘书和财务.

这种方法似乎显得复杂且不必要.毕竟我们已经知道班干部问题的答案,而不知道可能的委员会数量.不要着急,让我们来看看是怎么进行的.

我们知道的一点是,在选出委员会的 4 名成员之后,有多少种方法可以把班长、副班长、秘书和财务 4 个职务一一分配给他们:运用我们已学知识,共有 $4 \cdot 3 \cdot 2 \cdot 1 = 4! = 24$ 种方法.因此,如果将推举班干部的过程分为两个阶段——先选出一个委员会,然后为他们分配 4 个职务,那么根据乘法原理,有

$$\{选出一个委员会的方法数\} \cdot 4! = \{推举班干部的方法数\} = \frac{15!}{11!}$$

现在,如果你仔细想想,就会发现一些信息.既然我们已经知道选班干部的方法有 $\dfrac{15!}{11!}$ 种,就可以解这个关于委员会数量的方程:

$$\{选出一个委员会的方法数\} = \frac{1}{4!} \cdot \{推举班干部的方法数\} = \frac{15!}{4! \, 11!}$$

再说直白些,由于每一个委员会选择对应着 $4! = 24$ 种不同的

班干部选法，故可能的委员会数目就是班干部推举方案数的 1/24.

这里你应该能够看到，我们之前计算的从 n 元对象池中选择一个 k 元对象集合的方法数与这个例子的结果是一样的．我们知道选择一个 k 元对象序列且没有重复项的方法（第一个任意选取，然后第二个不同于第一个，第三个不同于前两个，依此类推）数为

$$n \cdot (n-1) \cdots (n-k+1) = \frac{n!}{(n-k)!}$$

与此同时，对于每个可能的 k 元对象集合，共有

$$k \cdot (k-1) \cdots 2 \cdot 1 = k!$$

种顺序排列的方法，即选择第一个、第二个，依此类推．于是我们得到结论：

{从 n 元对象池中选择一个 k 元无重复对象集合的方法数}

$= \dfrac{1}{k!} \cdot$ {从 n 元对象池中选择一个 k 元无重复对象序列的方法数}

$= \dfrac{n!}{k!(n-k)!}$

或者也可以换种表述：

> 从 n 个对象中不重复地选择一个含 k 个对象的集合的方法数为 $\dfrac{n!}{k!(n-k)!}$.

举例来说，假设比萨店提供 7 种肉类配料，你可以订购

$$\frac{7!}{3!4!} = \frac{5040}{6 \cdot 24} = 35$$

种含有 3 种肉类配料的比萨．如果你正在创建一个流媒体队列，指

示要求你从 23 部改编自连环画或电子游戏的电影中恰好选择 4 部，则共有

$$\frac{23!}{4!\,19!} = 8855$$

种这样的流媒体队列选择.

这些例子中出现的数字在数学上随处可见，因此具有专门的名称和符号. 我们称其为二项式系数（第 6 章中将解释命名缘由），记作

$$\binom{n}{k} = \frac{n!}{k!\,(n-k)!}$$

关于二项式系数，能说的东西可太多了.

首先，我们很容易观察出

$$\binom{n}{k} = \binom{n}{n-k}$$

由上述公式，显然有

$$\frac{n!}{k!\,(n-k)!} = \frac{n!}{(n-k)!\,k!}$$

只是对分母上的因子 $k!$ 和 $(n-k)!$ 进行重新排列. 从对这些数字的解释中也可以清楚地看出：在班级 15 名学生中指定哪 4 名进入委员会与指定哪 11 名学生不进入委员会相一致. 通常来说，从一个 n 元对象池中选择 k 个对象和不选择 $n-k$ 个对象相一致.

其次，正如我们指出的，二项式系数的标准公式

$$\binom{n}{k} = \frac{n!}{k!\,(n-k)!}$$

$$= \frac{n \cdot (n-1) \cdot (n-2) \cdots 2 \cdot 1}{k \cdot (k-1) \cdots 2 \cdot 1 \cdot (n-k) \cdot (n-k-1) \cdots 2 \cdot 1}$$

在某些场合并非最有效的数字表示方式．在实际处理中，我们当然不会直接对其进行计算，因为有一些因子同时出现在分子和分母中，它们是可以相互抵消的．这样做又给我们提供了二项式系数的两种可供选择的写法：

$$\binom{n}{k} = \frac{n \cdot (n-1) \cdots (n-k+1)}{k \cdot (k-1) \cdots 2 \cdot 1} = \frac{n \cdot (n-1) \cdots (k+1)}{(n-k) \cdot (n-k-1) \cdots 2 \cdot 1}$$

这不单是一个理论问题，也是一个实际问题．例如，假设想要计算从一副标准扑克牌的 52 张牌中抽取 5 张可能出现的结果数，即计算二项式系数 $\binom{52}{5}$．你想要借助计算器来完成这些计算，如果将二项式系数写成

$$\binom{52}{5} = \frac{52 \cdot 51 \cdot 50 \cdot 49 \cdot 48}{5 \cdot 4 \cdot 3 \cdot 2 \cdot 1}$$

那么计算器可以轻松地对因子进行乘除运算．然而，如果写成

$$\binom{52}{5} = \frac{52!}{4!47!}$$

就会出问题：当在计算器中输入 52! 时，它会反馈一个错误信息，而且，绝大多数计算器都不能处理如此庞大的数据．更糟糕的情况是，计算器不反馈错误信息，而是自动将大的数字转换成科学记数法的形式．事实上，计算器会不加提示地对数字进行四舍五入，而且这些四舍五入往往会带来很大的误差．

继续讨论之前，我们先来关注特殊情形下的二项式系数．首先，注意到对于任意的 n，有

$$\binom{n}{1} = n$$

这与"从 n 个对象中选择 1 个对象共有 n 种结果"相对应(当然,这算不上什么新知识).同样,我们根据惯例默认 $0! = 1$,从而有

$$\binom{n}{0} = \frac{n!}{0!\,n!} = 1$$

类似地,$\binom{n}{n} = 1$.我们再一次简单地将其视为一个约定;它将在第 6 章出现的各种公式中起作用.

讨论从 n 个对象中选择 2 个对象的方法数时,情况才第一次变得有趣:

$$\binom{n}{2} = \frac{n(n-1)}{2}$$

从 3 个对象中选择 2 个对象的方法数是 $3 \cdot 2/2 = 3$(要记得这和选择 1 个对象的方法数相一致),从 4 个对象中选择 2 个对象的方法数是 $4 \cdot 3/2 = 6$.如此下去,可以列一个表,如表 4-1 所示.

表 4-1

n	从 n 个对象中选择 2 个对象的方法数
3	3
4	6
5	10
6	15
7	21
8	28

类似地,对于二项式系数 $\binom{n}{3}$,也可以列表,如表 4-2 所示.

表 4-2

n	从 n 个对象中选择 3 个对象的方法数
4	4
5	10
6	20
7	35
8	56
9	84

数学家在这些数字中发现了许多有趣的性质及其他解释,其中的一部分将在第 6 章中介绍.

关于二项式系数,我们还有最后一点要说.从公式

$$\binom{n}{k} = \frac{n!}{k!\,(n-k)!}$$

中,我们可以明显看出 $\binom{n}{k}$ 是一个分数,但还远不能确定它实际上还是一个整数.当然,如果将 $\binom{n}{k}$ 解释为从 n 个对象中选择 k 个对象的方法数,就能得到一个整数结果,但是这引出了一个新问题:我们能看出为什么上述公式总会得到一个整数结果吗?在某些情况下可以这样认为.例如,当我们观察公式

$$\binom{n}{2} = \frac{n(n-1)}{2}$$

时,问"为什么这是一个整数?",答案是:无论 n 取值如何, n 与 $n-1$ 中必有其一为偶数,则二者乘积 $n(n-1)$(分数的分子)必为偶数,因而商也是整数.和之前一样,考虑公式

$$\binom{n}{3} = \frac{n(n-1)(n-2)}{6}$$

分子的三个因子 n、$n-1$ 与 $n-2$ 中至少其一能被 3 整除，且至少其一为偶数，因此分子必能被 6 整除，从而商也是整数．

但随着 k 的增大，这个结论变得越来越不容易看出来．例如，当我们称

$$\binom{n}{4}=\frac{n(n-1)(n-2)(n-3)}{24}$$

是一个整数时，实际上是称任意四个连续整数的乘积能被 24 整除．稍微想想：倘若不借助关于 $\binom{n}{4}$ 的解释，你能说服自己相信这个事实吗？你能说服别人吗？

我们是时候来做一些练习题了．

习题 4.2.1

1. 假设比萨店的菜单上列出了 8 种肉类配料，你可以点多少种不同的含有 2 种肉类配料的比萨？如果是含 3 种肉类配料的比萨呢？

2. 如果比萨店的菜单上列出了 4 种蔬菜配料，那么有多少种由 2 种肉类配料和 2 种蔬菜配料混搭的比萨呢？

习题 4.2.2　假设某门考试有 10 道题，要求你恰好做其中的 7 道，你有多少种选择去做哪 7 道题？

习题 4.2.3　$\binom{n}{k}$ 和 $\binom{n}{n-k}$ 哪个大？为什么？

4.3　计数集合

我们可以将现有的集合计数公式与其他公式和技术相结合，

然后来看一些已经解决的问题示例.

问题 4.3.1 假设我们又一次被要求从一个 15 人的高中班级中选出 4 名学生组成委员会,但这次另外有一个限制条件:不希望委员会的成员均是低年级学生或均是高年级学生.假设班上有 8 名高年级学生和 7 名低年级学生,那么可以成立多少个不同的委员会?

解 这显然需要用到减法原理.我们知道可能成立的委员会总数是

$$\binom{15}{4} = \frac{15 \cdot 14 \cdot 13 \cdot 12}{4 \cdot 3 \cdot 2 \cdot 1} = 1365$$

类似地,成员均为高年级学生的委员会数目为

$$\binom{8}{4} = \frac{8 \cdot 7 \cdot 6 \cdot 5}{4 \cdot 3 \cdot 2 \cdot 1} = 70$$

成员均为低年级学生的委员会数目为

$$\binom{7}{4} = \frac{7 \cdot 6 \cdot 5 \cdot 4}{4 \cdot 3 \cdot 2 \cdot 1} = 35$$

排除掉这些情况,我们得到符合要求的委员会数量是

$$\binom{15}{4} - \binom{8}{4} - \binom{7}{4} = 1365 - 70 - 35 = 1260$$

注意到即使这是一个多次减法,也不需要添加任何限制,因为没有委员会属于这两个被排除的类别,也就是说,一个委员会不能同时由所有高年级和低年级学生组成. ▪

问题 4.3.2 再设立一个委员会:现在假设要求该委员会恰好包括 2 名高年级学生和 2 名低年级学生,有多少种可能的情况?

解 相比上题，这次是乘法原理的一个例子，要选出一个受此限制的委员会，只需分别在 8 名高年级学生和 7 名低年级学生中各选择 2 名（两次选择是独立的）．从而得到结果

$$\binom{8}{2} \cdot \binom{7}{2} = 28 \cdot 21 = 588 \qquad \blacksquare$$

问题 4.3.3 一支篮球队有 10 名队员，教练要把他们分成两队，假设分为红队和蓝队，每队 5 人，然后进行一场训练赛．她将随机分配人员，这意味着 $\binom{10}{5}$ 种球员分配方案都等可能出现．

埃琳娜和索菲娅这两个球员是朋友，索菲娅对埃琳娜说："希望我们能加入同一支球队．"埃琳娜回答："嗯，有 50% 的概率．"

埃琳娜说的正确吗？

解 这个问题要求我们做的是计算在 $\binom{10}{5}$ 种球员分配方案中，埃琳娜和索菲娅在同一个队的分配方案有多少种，两人在不同队伍的分配方案有多少种．埃琳娜的回答本质上是在说这两个数字是相等的，我们来计算两种情况的结果，看她说的是否正确．

先计算埃琳娜和索菲娅被分配到同一队的方法数．我们可以通过两个步骤来确定这样的分配方案：先决定红队和蓝队哪一个是埃琳娜和索菲娅的主队，显然有两种可能．此后，我们把余下的 8 名球员分为两组：3 个人的那一组将加入埃琳娜和索菲娅的队伍，5 个人的那一组则到另外一队中去．这样的分配有 $\binom{8}{3}$ 种方

案，故两人被分配到同一队的方案总数是

$$2 \cdot \binom{8}{3} = 2 \cdot 56 = 112$$

现在，我们来计算埃琳娜和索菲娅被分配到不同队伍的方案数．同样，可以通过两个步骤来确定这样的方案：先确定索菲娅在红队还是蓝队，那么埃琳娜自然就要加入另外一队．然后，把余下的 8 名球员分为两个 4 人组，分别分配到两支队伍，共有 $\binom{8}{4}$ 种方案．从而，埃琳娜和索菲娅被分配到不同队伍的方案数是

$$2 \cdot \binom{8}{4} = 2 \cdot 70 = 140$$

结论是埃琳娜的说法有误，并且两人更有可能成为对手．

讨论还没有结束！解答这些问题时，我们始终在寻找一种用于检验分析和计算的准确性的方法．这里提供一种很好的方法．我们已经说过将 10 个球员分为两队共有 $\binom{10}{5}$ 种方案，其中有 112 种能让埃琳娜和索菲娅成为队友，有 140 种是将两人分配到不同的队伍．在满足于求解出正确答案之前，我们应该检查一下 $\binom{10}{5}$ 是否等于 112＋140＝252．让我们来验证一下：

$$\binom{10}{5} = \frac{10 \cdot 9 \cdot 8 \cdot 7 \cdot 6}{5 \cdot 4 \cdot 3 \cdot 2 \cdot 1} = \frac{30\ 240}{120} = 252$$

验证完后，我们更加确信我们的分析是正确的，并且没有犯任何数字上的错误．进一步，还可以求出埃琳娜和索菲娅在同一队伍的概率：

$$\frac{112}{252} = \frac{4}{9} \approx 0.444,即约为 44\%$$

问题 4.3.4 假设你在玩拼字游戏——这个游戏要求把字卡尺上的字母重新排列成不一定是记录在英语词典里的单词. 假如你的字卡尺上有字母 E，E，E，E，N，N，N（这似乎很常见），那么有多少种将字卡尺上的字母排列成单词的方法？换言之，有多少个 7 个字母的单词（仍旧指的是任意的字母串）恰好包含 3 个 N 和 4 个 E？

解 这个问题实际上很简单，但是它能引出下个问题示例中一些更有趣的内容. 问题的关键在于，要是我们把 7 个字母的单词考虑成在 7 个格子中填入字母 E 和 N，那么确定一个单词指的就是确定在哪 3 个格子填入 N，或者说在哪 4 个格子填入 E. 因此，我们能得到答案

$$\binom{7}{3} = \binom{7}{4} = 35$$

问题 4.3.5 这个问题似乎与集合没有太大关系，但稍后就能看到二者确实有关联. 假设我们生活在一个以矩形网格布局的城市中，工作地点位于家以北 3 个街区、以东 4 个街区，如图 4-1 所示.

显然，我们每天早上要走过 7 个街区才能到上班地点，但有很多不同的走法. 如果总是走在网格上，可以选择多少条不同的路径？在看答案之前，先自己思考一下.

解 要确定一条从家到工作地点的路径，必须给出一系列的前进方向，比如"往北走一个街区，接着向东走三个街区，然后

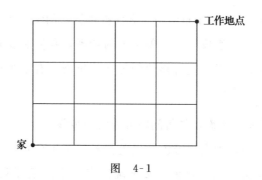

图　4-1

向北走另一个街区，再向东走另一个街区，最后向北走另一个街区"，或者简记成 N，E，E，E，N，E，N.

换言之，路径恰好对应于由 3 个 N 和 4 个 E 组成的单词，这与上一个问题完全相同！

一般来说，如果我们有一个 $k \times l$ 的矩形网格，则按照相同的逻辑，从一个角到相对的一个角的路径（不允许走回头路）对应于由 k 个 N（或 S）和 l 个 E（或 W）组成的单词．因此，这样的路径数由二项式系数给出，为

$$\binom{k+l}{k}$$

或者，也可以说是二项数系数 $\binom{k+l}{l}$．注意这里的对称性：正如公式所验证的那样，一个 $k \times l$ 网格对应的路径数与一个 $l \times k$ 网格对应的路径数相同．　■

在结束本节的讨论之前，还有最后一件事：在第 2 章，我们说过将展示如何解决问题 2.5.2，现在时机正好．我们将从一个简单的问题入手，但它引入了其中的本质思想．

问题 4.3.6　假设一个班级由 7 名穿橙色衬衫的学生和 7 名穿黑色衬衫的学生组成, 出于美学上的考虑, 我们想要将他们排成一行, 以使得学生衬衫的颜色交替出现, 有多少种方法可以满足这一点?

解　首先, 关键点是将问题分为两个步骤:

- 第一步, 确定穿橙色和黑色衬衫的学生分别占据队列的哪些位置. 也就是说, 必须确定出一个颜色序列, 又或者, 如果你喜欢的话也可以说是确定一个由 7 个 O 和 7 个 B 组成的 14 个字母的单词, 但要保证任意两个 O 或任意两个 B 都不相邻.

- 第二步, 必须为每个位置分配一名穿着合适颜色衬衫的学生.

在问题 2.5.1 中, 不存在第一个步骤, 因为有 8 名穿橙色衬衫和 7 名穿黑色衬衫的学生, 所以唯一可能的衬衫颜色安排就是先 O 后 B 交替出现的序列 OBOBOBOBOBOBOBO. 一旦我们意识到这一点, 便仅需按顺序将 8 名穿橙色衬衫的学生分配到队列中的 8 个 O, 将 7 名穿黑色衬衫的学生分配到队列中的 7 个 B, 总共有 8!·7! 种选择.

相反, 在当前情况下, 可能存在不同的衬衫颜色序列, 尽管数量并不多. 这是由于我们必须安排颜色交替出现, 因此一旦确定第一种颜色, 就可以确定颜色序列. 也就是说, 它一定是 OBO-BOBOBOBOB 或 BOBOBOBOBOBO, 故颜色序列只有两种选择.

第二步在问题 2.5.1 中和当前问题中大体一致. 对当前问题, 一旦确定了一种特定的颜色排列, 就有 7! 种将班上 7 名穿橙色衬衫的学生分配到其指定的 7 个位置的方案，同理也有 7! 种给穿黑色衬衫的学生分配位置的方案，故将 14 名学生安排到合适的队列位置的方案有 7!·7! 种，因而最终的答案是

$$2 \cdot 7! \cdot 7! = 50\,803\,200$$

现在来解决问题 2.5.2. 我们先回想一下问题：班级中有 6 名学生穿着橙色衣服，有 9 名学生穿着黑色衣服，假设不想让任何两名穿橙色衣服的学生相邻排列，那么有多少种排列方法？如果你还没有思考过这个问题，那么现在花点时间来思考一下，尤其要参考我们刚刚解决的问题示例.

准备好了吗？我们继续. 和上一个问题一样，首先要把问题分为两个步骤：确定穿橙色衬衫的学生占据哪些队列位置，穿黑色衬衫的学生占据哪些队列位置，然后给每个队列位置分配一名穿着合适颜色衬衫的学生. 此外，第二个步骤在两个示例中大体一致：一旦确定了一种特定的颜色序列，就有 6! 种将班上 6 名穿橙色衬衫的学生分配到其指定的 6 个位置的方案，有 9! 种给穿黑色衬衫的学生分配位置的方案，故将 15 名学生安排到合适的队列位置的方案有 6!·9! 种. 因此，问题的答案就是 6!·9! 乘以颜色图案的数量，即 6!·9! 乘以由 6 个 O 和 9 个 B 组成且任意两个 O 都不相邻的 15 个字母的单词的数量.

那么，怎么计算出这个数字呢？这就有些棘手了. 首先要考虑两种可能的情况：序列是以 O 结尾还是以 B 结尾. 我们先假设序列以 B 结尾，在这种情况下，可以观察到序列中的每个 O 都必须紧随 B. 换言之，与其考虑任意两个 O 都不相邻的 6 个 O 和 9 个 B，倒不如考虑将每个 O 都与一个 B 配对成 6 个 OB（另外剩有三

个 B），然后计算任意排列 6 个 OB 和 3 个 B 的方案数．我们知道这个结果就是

$$\binom{9}{6} = 84$$

接下来，考虑以 O 结尾的排列方式，计算上是类似的：我们让余下的 5 个 O 每个都与 B 配对组成 5 个 OB（另外剩下 4 个 B）．同样，在以 O 结尾的情况下，我们任意排列这 5 个 OB 和 4 个 B，排列方案数是

$$\binom{9}{5} = 126$$

因此，可能的颜色序列共有 $84 + 126 = 210$ 个．又因为每个序列有 $6! \cdot 9!$ 种可能的排列方式，故总方案数为

$$210 \cdot 6! \cdot 9! = 54\ 867\ 456\ 000 \quad \blacksquare$$

习题 4.3.7 假设某国的参议院由 15 位参议员组成，其中有 8 位是共和党人士，7 位是民主党人士．根据法律，包含 5 位成员的财政立法监督委员会必须由 3 位共和党人士和 2 位民主党人士组成．

1. 有多少种选择委员会成员的方案？

2. 假设还必须选定一位共和党人士担任委员会主席，一位民主党人士担任副主席．有多少种选择委员会成员、主席和副主席的方案？

3. 假设规则放宽，只要求委员会不完全由共和党人士或民主党人士组成．在不指定主席和副主席的情况下，有多少种选择委员会成员的方案？

习题 4.3.8　克里斯蒂娜的冰激凌店仅提供香草冰激凌，但有 17 种不同的配料可供选择.

1. 恰好由 3 种配料组成的不同的圣代冰激凌有多少种?

2. 至少有 2 种配料的不同的圣代冰激凌有多少种?

3. 在不限制配料数量的情况下，可以做成多少种不同的圣代冰激凌?

习题 4.3.9　回到问题 4.3.3，假设 10 个球员被随机分成一个 6 人组和一个 4 人组，艾琳娜和索菲娅更有可能成为队友还是对手?

　　　　注意：本题比问题 4.3.3 稍微复杂一些，因为涉及的两个计算中有一个不能使用乘法原理. 一定要检查你的答案!

习题 4.3.10　假设一场考试有 15 道题，其中有 8 道判断题和 7 道多项选择题. 你需要答 15 道题中的 5 道，但是你的老师要求你至少作答一道判断题和一道多项选择题，你有多少种选择题目作答的方式?

习题 4.3.11

1. 考虑图 4-2 所示的网格，从标记为"家"的点到标记为"工作"的点有多少条可能的最短路径（即 13 个街区）?

2. 假设图上的小圆圈代表麦克甜品店，如果你希望上班途中保持清醒，这是关键的一站，从家到工作地点的路径（同样是最短路径）有多少条会经过麦克甜品店?

3. 与上题相反，假设你正在严格控制饮食，必须不惜一切代价地避免经过麦克甜品店所在的十字路口. 现在又有多少种可能的路径?

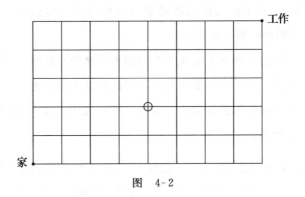

图 4-2

4.4 多项式系数

假设现在我们的工作是给大学生分配宿舍，要将 3 个房间分配给 9 名学生，这 3 个房间分别是一个四人间、一个三人间和一个双人间．还是那个问题：有多少种不同的分配方案？

你可能会说："这并不新鲜，我们已经知道如何做了．"你说得没错，要分配这 9 名学生，可以先从 9 名学生中选出 4 名并将其分配到四人间，剩下的 5 名学生将被分配到三人间和双人间，然后从这 5 名学生中选出 3 人分配到三人间，这时分配工作实际上已经完成，因为剩下的 2 名学生自然要被分配到双人间．由于第一次选择有 $\binom{9}{4}=126$ 种方法，第二次选择有 $\binom{5}{3}=10$ 种方法，故可得答案

$$\binom{9}{4} \cdot \binom{5}{3}$$

不过我们还要再想一下，如果是以不同的顺序进行分配，结果又会如何？例如，假设先将两名学生分配到双人间，然后从剩余的 7 名学生中选出 4 名分配到四人间．第一步有 $\binom{9}{2}$ 种选择，第二步有 $\binom{7}{4}$ 种选择，所以答案为

$$\binom{9}{2} \cdot \binom{7}{4}$$

这是怎么回事？

这么做是对的．我们仔细观察，会发现

$$\binom{9}{4} \cdot \binom{5}{3} = \frac{9!}{4!5!} \cdot \frac{5!}{3!2!} = \frac{9!}{4!3!2!}$$

另一方面

$$\binom{9}{2} \cdot \binom{7}{4} = \frac{9!}{2!7!} \cdot \frac{7!}{4!3!} = \frac{9!}{4!3!2!}$$

因此，这两种方法都能得到相同的结果 1260.

所以说，这里确实没什么新内容要介绍．但此处出现的这种类型的数字（把 n 个对象分配到 3 个（或更多）指定大小的集合的方法数）很常见，和二项式系数一样，它们值得有专门的名称和符号．这样想：讨论二项式系数的正确（或者至少是对称的）方法是将其看作将一个 n 元对象分配到大小分别为 k 元和 $n-k$ 元的两个对象集合的方法数．同样，当我们有一个数字 n 和三个加起来和为 n 的数字 a、b、c 时，就可以问有多少种方式能将 n 个对象分配到三个大小分别为 a、b、c 的集合中．我们可以完全按照刚刚解决最后一个问题的思路来处理这个问题：首先确定 n 个对象中哪 a

个进入第一个对象组，然后从余下的 $n-a$ 个中确定哪 b 个进入第二个对象组，余下的 c 个对象自动进入第三个对象组．由乘法原理，分配方法数为

$$\binom{n}{a} \cdot \binom{n-a}{b} = \frac{n!}{a!(n-a)!} \cdot \frac{(n-a)!}{b!(n-a-b)!}$$

$$= \frac{n!}{a!(n-a)!} \cdot \frac{(n-a)!}{b!c!}$$

$$= \frac{n!}{a!b!c!}$$

该数字称为多项式系数，通常用符号表示为

$$\binom{n}{a,b,c} = \frac{n!}{a!b!c!}$$

类似地，如果 a、b、c 和 d 4 个数字加起来等于 n，则将 n 个对象分配到大小为 a、b、c 和 d 的集合中的方法数为

$$\binom{n}{a,b,c,d} = \frac{n!}{a!b!c!d!}$$

依此类推．这个问题最一般的形式是：假设有 n 个不同的对象，要将其分配到 k 个集合，每个集合中的对象数量已经确定，即第一个集合有 a_1 个元素，第二个集合有 a_2 个元素，依此类推，第 k 个（即最后一个）集合有 a_k 个元素．我们要问：将 n 个对象分配到 k 个集合有多少种方法？正如我们所提示的，答案是

将 n 个对象分配到大小为 a_1，a_2，$\cdots$，a_k 的集合的方法数为

$$\frac{n!}{a_1! \, a_2! \, \cdots \, a_k!}$$

同样，这里出现的 $\dfrac{n!}{a_1! \, a_2! \cdots a_k!}$ 称为多项式系数，表示为 $\begin{pmatrix} n \\ a_1, \, a_2, \cdots, \, a_k \end{pmatrix}$. 要注意的是，在这种情况下，我们所熟悉的二项式系数 $\begin{pmatrix} n \\ k \end{pmatrix}$ 也可以写成 $\begin{pmatrix} n \\ k, \, (n-k) \end{pmatrix}$，但是省略掉 $n-k$ 会显得更加简洁和清晰.

因此，多项式系数是二项式系数的直接推广，而且它们几乎随处可见（尽管正如我们刚刚看到的，你并不需要真正了解它们：如果只知道二项式系数和乘法原理，就可以解决有关多项式系数的任何问题）.

异序词计数是多项式系数的一个经典示例. 异序词是一个单词各字母重新排列后的结果：例如，SAPS 是 PASS 的一个异序词.（注意，异序词中每个字母出现的次数必须与原单词相同.）按照约定，我们所说的异序词是指字母的任意重新排列，而不必是英语中的某个单词.

那么，一个单词有多少个异序词呢? 在某些情况下，这很容易计算：如果一个 4 个字母的单词所有字母都不相同（即没有重复），则它的异序词数就是 4 个字母的排列，即 4! 个. 例如，单词 STOP 有 24 个异序词：

STOP	STPO	SOTP	SOPT	SPTO	SPOT
TSOP	TSPO	TPSO	TPOS	TOSP	TOPS
OSTP	OSPT	OTSP	OTPS	OPST	OPTS
PSTO	PSOT	PTSO	PTOS	POST	POTS

第一部分 计　数

　　同理，一个由 n 个不同字母组成的单词有 $n!$ 个异序词⊖. 对于另一种极端情况，我们也相对容易得到答案：只由单一字母重复出现 n 次组成的单词除自身外再无其他的异序词. 进而，正如我们在拼字游戏例子中所看到的，如果一个单词由一个字母重复出现 k 次、另一个字母重复出现 l 次所组成，那么它有 $\binom{k+l}{k}$ 个异序词.

　　一般来说，我们在问题 4.3.4 中描述的方法就是讨论异序词问题的正确方法（从数学角度说）. 例如，假设我们想计算单词 CHEESES 有多少个异序词. 它的任意一个异序词仍是包含 7 个字母的单词. 如果我们把这个问题想成是在 7 个位置中填入字母 C、H、E 和 S，那么要确定一个异序词就必须确定：

- 字母 C 将填入 7 个位置中的哪一个；
- 字母 H 将填入 7 个位置中的哪一个；
- 字母 E 将填入 7 个位置中的哪三个；
- 字母 S 将填入 7 个位置中的哪两个.

　　当我们这样考虑这个问题时，答案就很明确：它就是多项式系数

$$\binom{7}{1,1,3,2} = \frac{7!}{1!1!3!2!} = 420$$

　　⊖ 对异序词有兴趣的读者，这里有一个问题. 请注意，在字母 S、T、O、P 的 24 种重新排列中，有 6 种（STOP、SPOT、OPTS、POST、POTS 和 TOPS）是英语中实际存在的单词. 是否存在哪个四个字母的单词比 STOP 有着更多英语中实际存在的异序词？五个字母的单词中哪一个有着最多的英语中实际存在的异序词？

习题 4.4.1　单词 MISSISSIPPI 有多少个异序词？它们之中有多少个包含两个相邻的字母 P？

习题 4.4.2　考虑以下 6 个字母的单词：TOTTER、TURRET、RETORT、PEPPER 以及 TSETSE．请问哪个单词有着最多的异序词，哪个又是最少的？（在对每种情况的结果进行实际计算之前，你应该先试着找出答案．）

习题 4.4.3　BOOKKEEPER 有多少个异序词？

习题 4.4.4　在一个美好的春日，你和你的 14 个兄弟姐妹决定去野餐．你开熟食店的叔叔给你们提供了一些三明治：5 个火腿奶酪、5 只火鸡和 5 份鸡蛋沙拉．有多少种方法可以将这些三明治分发给包括你自己在内的每一个人？

习题 4.4.5　你的工作是将 18 名新生分配到一个特殊宿舍的几个房间里．一共有 6 个房间：2 个四人间、2 个三人间和 2 个双人间．

1. 有多少种方案给 18 名新生分配房间？

2. 你将第 1 问的分配方案交给迪安后，她抱怨有些分配方案把男生和女生分配到了同一个房间里．如果我们为女生指定 1 个四人间、1 个三人间和 1 个双人间，有多少种方案可以把这些房间分配给 9 个女生和 9 个男生？

4.5　缺失的公式

在 Bright Horizons 学校，会给表现优秀的学生颁发奖品．尽管学校可以给一名学生颁发多个奖品，但所有奖品都是完全相同的．

第一部分　计　数

Bright Horizons 学校的威克斯汉姆女士的班级中有 14 名学生：艾莉西亚、巴顿、卡罗莱娜，依次列举到马克和南茜．威克斯汉姆女士有 8 个奖品，她需要决定如何将它们颁发出去——确定每名学生应该获得多少个奖品．那么，她有多少种奖品颁发方案？

对于稍微不同的表述，假设你现在是 Widget 跨国公司（Widget 跨国公司不是一个虚构出来的机构）的首席经销商．Widget 跨国公司有 14 个仓库，称为仓库 A、仓库 B，依次列举到仓库 N.

一天，码头上有 8 个装满部件的集装箱，你的工作是决定每个仓库中应放入多少个集装箱．那么，你有多少种安排方案？

又或者，有一天你在餐厅里吃饭，看到一个大果盘里盛放着数量不限的 14 种不同的水果：苹果、香蕉、樱桃，依次列举到油桃．你稍感饥饿，决定吃 8 份水果充饥，一种水果可能会吃不止一份．那么，你可以有多少种不同的挑选方案？

这里的要点是什么？事实上，有两点很关键：一是我们不知道如何解决这个问题，二是我们应该解决这个问题．好好想一下，到目前为止，我们在本书中已经推导出 3 个公式用于计算从一个 n 元对象池中选择 k 个对象的方法数：

- 从对象池中可重复地选择一个对象序列（即顺序有影响）的方法数为 n^k.

- 从对象池中不重复地选择一个对象序列的方法数为 $\dfrac{n!}{(n-k)!}$.

- 从对象池中不重复地选择一个对象集合（即顺序无关紧要）的方法数为 $\dbinom{n}{k} = \dfrac{n!}{k!(n-k)!}$.

我们将这些公式列表，如表 4-3 所示．

表　4-3

	允许重复	不允许重复
序列	n^k	$\dfrac{n!}{(n-k)!}$
集合	??	$\dfrac{n!}{k!(n-k)!}$

很明显缺少了一个公式：我们没有一个公式可用于计算从 n 元对象池中可重复地选择一个 k 元对象集合的方法数，而这就是我们刚才列出的所有问题（或者说是一个我们反复提了 3 次的问题）所涉及的.

所以，我们已经要告诉你这个答案吗？说是也是，说不是也不是．我们将在第 7 章即这一部分的最后给出这个公式．不过，我们认为在此期间最好留给你一些问题去思考并解决．因此，我们将其留作一个挑战：你能否在学习到第 7 章之前解决上述问题？

第 5 章

机 会 博 弈

我们之所以对计数集合如此感兴趣,很大程度上是因为它使我们能够计算某些事件发生的概率,至少是在各种结果等可能发生的情况下. 在这一章,将使用我们的计数技巧去谈论一些基本的概率问题. 我们将主要关注掷硬币、掷骰子、扑克牌和桥牌等机会游戏,但也应该清楚同样的思想和方法如何应用在其他领域.

5.1 掷硬币

假定我们将一枚硬币抛掷 6 次,得到的结果为 3 次正面和 3 次反面的概率是多大?

为了回答这个问题,我们必须从两个假设出发. 第一个简单假设是我们抛掷的硬币必须是均匀的,换句话说,抛掷硬币后出现正面和出现反面的机会平均起来各占一半.

为了阐述第二个假设,我们需要先介绍一点专业术语. 掷 6 次硬币的结果指的是 6 次结果的序列,我们可以把它看作一个由 H

和 T 组成的 6 个字母的单词.那么有多少种可能的试验结果呢?这容易计算,根据我们用乘法原理给出的第一个公式,这样的序列的数目是 2^6,或者说 64.

这时候,所有 64 种试验结果等可能发生是概率的一个基本假设.事实上,这意味着每次抛掷硬币出现正面和反面都是等可能的,而不用考虑之前已经得到的抛掷结果——正如那句口号所说的,"硬币是无记忆的".在此我们需要强调,这的确是一种假设,即使你可能会认为它不证自明.还有,这种假设的合理性已经被大量的试验所证实,想从逻辑推理上来证明它是行不通的.事实上,在人类历史上有很长一段时间,和我们的假设相悖的观点长时间地被奉为圭臬:例如,那时人们(而不只是堕落的赌徒)深信在多次抛掷硬币出现正面后出现反面的可能性要大于再出现一次正面.在第三部分我们研究重复进行同一试验的概率分布时,就会明白为什么很多人固守这个错误的观点.所以,让我们先接受这些假设:

- 所有硬币都是均匀的(除非另外说明);
- 每次硬币的抛掷结果都与其他任一次的抛掷结果相独立.

这些假设意味着任一指定的抛掷结果——诸如出现 3 次正面后紧接着出现 3 次反面(HHHTTT)或者出现 3 次反面后紧接着出现了 3 次正面(TTTHHH)——在试验中都有 1/64 的概率发生;换句话说,在给定的 6 次掷硬币试验中,任一指定的抛掷结果出现的概率都是 1/64.在这些假设的基础上,要精确计算出在一次给定的 6 次掷硬币试验中出现 3 次正面和 3 次反面的可能性,就必须回答一个计数问题:在 64 种可能的试验结果中,有多少种包含 3 个 H 和 3 个 T?

这同样是个简单的问题:含有 3 个 H 和 3 个 T 的长为 6 个字母的单词数目就是二项式系数

$$\binom{6}{3} = 20$$

这时候,如果每个可能的试验结果都有 1/64 的概率发生,然后在这次试验中,我们预计的这 20 种结果中的一个出现的概率为

$$\frac{20}{64} = \frac{5}{16} = 0.3125$$

换言之,当投掷 6 枚硬币时,在这次试验中我们期望得到相同数目的正面和反面的概率略小于 1/3. 这一相当违反直觉的发现是促使你朋友在酒吧下注的原因,如果无法准确预测在 6 次抛硬币中出现多少次正面,你必须在下一轮下注.

你大概看出了这里的一般规则:如果抛掷一枚硬币 n 次,会有 2^n 种可能的结果——与之对应的是完全由 H 和 T 组成的长为 n 个字母的词汇——每种结果在 2^n 次试验中平均出现一次. 其中出现 k 次正面和 $n-k$ 次反面的试验结果数目为 $\binom{n}{k}$,从而我们能够得出结论:

> 在 n 次掷硬币试验中出现 k 次正面的概率为 $\dfrac{\binom{n}{k}}{2^n}$.

我们将继续关注其他和掷硬币有关的概率问题,但在此之前应该花点时间指出这是概率的基本范式. 一般而言,如果一次试

验所有的潜在结果都等可能发生，那么可以将试验结果集合一分为二——我们称之为"有利的"和"不利的"——有利结果出现的概率可以简单表示为：

$$有利结果出现概率 = 有利结果数 / 总结果数$$

再次注意，这个结论是以所有试验结果等可能发生为先决条件而得出的. 若非如此，或者说如果对"试验结果"的定义不正确，那么可以说我们很难在打赌中取得好的结果.

此处再举一些例子. 就像所有的概率问题一样，在你真正开始计算它们之前，稍作思考并试着估计一下概率是很有趣的：有时它们会让你大吃一惊（你可以想出一些有利可图的赌注）.

问题 5.1.1 假设抛掷一枚硬币 8 次，得到 3 次及以上正面的概率是多大？

解 我们要计算出，在全部 $2^8 = 256$ 个完全由 H 和 T 组成的长为 8 个字母的单词中，有多少单词至少包含 3 个 H. 有一种稍微简单一点的方法，就是考虑其相反情形再运用减法原则：我们要数出那些含有 0 个、1 个、2 个 H 的单词数，由此得到结果

$$\binom{8}{0} + \binom{8}{1} + \binom{8}{2} = 1 + 8 + 28 = 37$$

因此，表示抛掷结果出现 3 次及以上正面的序列数为 $256 - 19 = 237$，故至少出现 3 次正面的概率为

$$\frac{219}{256} \approx 0.85$$

换句话说，在 8 次掷硬币试验中，你 85% 能得到 3 次及 3 次以上正面. ■

问题 5.1.2 假设你和你的朋友正在打赌．你抛掷 9 枚硬币：如果出现正面和反面的硬币数为"四五开"，即如果出现 4 次正面 5 次反面或者 5 次正面 4 次反面，你付给他 1 美元；否则，他付给你 1 美元．这个打赌对谁更有利呢？

解 抛掷 9 枚硬币可能出现 $2^9 = 512$ 种结果，其中出现 4 次或 5 次正面的结果数目为

$$\binom{9}{4} + \binom{9}{5} = 126 + 126 = 252$$

而其余情形共有 $512 - 252 = 260$ 种．因此这次打赌稍稍对你有利． ∎

问题 5.1.3 这个问题是上一个问题的变形．你和你的朋友抛掷 6 枚硬币：如果出现 3 次或者更多的正面，你付给他 1 美元；如果出现 2 次或者更少的正面，他付给你 1 美元．这个游戏对谁更有利？

解 和上题一样，我们先计算出在 6 枚硬币所有可能的 $2^6 = 64$ 种抛掷结果中，有多少种对你有利，有多少种对你朋友有利．首先，出现正面少于 3 次（即 0 次、1 次、2 次）的结果数目为和数

$$\binom{6}{0} + \binom{6}{1} + \binom{6}{2} = 1 + 6 + 15 = 22$$

如果出现这 22 种抛掷结果其中一个，你将赢得 1 美元．而余下的 $64 - 22 = 42$ 种情形下，你的朋友将赢得 1 美元．也就是说，你输掉 1 美元的可能性略低于你赢 1 美元可能性的 2 倍，显然，这个游戏对你朋友有利． ∎

如果我们将赌注修改为出现 2 次或更少的正面时，你的朋友

付给你 2 美元，而倘若出现 3 次或者更多的正面，你仍旧只付给你的朋友 1 美元，那么在问题 5.1.3 中讨论的那个游戏会更加公平．在这种赌注分配方案下，你会稍稍获益，因为你损失 1 美元的概率稍小于你收获 2 美元的概率的 2 倍．

在第 8 章中，将学习如何计算不同赌注分配和不同获胜概率占比的情形下游戏的期望收益．虽然我们还没有正式介绍这个概念，但是仍没有比现在更好的时机来尝试完成下面的习题．

习题 5.1.4　你和你的朋友一起玩下面这个游戏．你们各掷 3 枚硬币，谁的结果出现正面更多谁获胜；如果你们得到的正面数一样，你获胜．如果你获胜，你的朋友付给你 1 美元；如果你的朋友获胜，你付给她 2 美元．这个游戏对谁有利？

习题 5.1.5

1. 假设你抛掷一枚平整均匀的硬币 5 次，在某个连续 3 次抛掷中出现相同结果的概率是多大？

2. 假设你抛掷一枚平整均匀的硬币 8 次，在不考虑顺序的情况下出现 4 次正面 4 次反面的概率是多大？

3. 假设你抛掷一枚平整均匀的硬币 10 次，出现 4 到 6 次正面的概率是多大？

4. 假设你抛掷一枚平整均匀的硬币 7 次，出现 4 次正面 3 次反面或者 3 次正面 4 次反面的概率是多大？

5.2　掷骰子

就数学本质而言，骰子和硬币并无二致．这一节我们并没有新的内容可以介绍．但是因为骰子有 6 个面，而不是 2 个面，所以掷骰子有着更多的抛掷结果，这显得更为有趣．（拉斯维加斯的赌场有掷骰子的赌桌，但没有掷硬币的赌桌）

　　让我们从抛掷两个骰子开始，计算一些简单的概率．我们再次做出假设：第一，骰子是平整均匀的，换言之，在一次抛掷中骰子的 6 个面中每个面平均起来都有 1/6 的可能性出现．第二，如果将抛掷结果规定为 1 和 6 之间的两个数字的序列，而 $6 \times 6 = 36$ 种抛掷结果都等可能出现，即在一次抛掷中各有 1/36 的概率出现．

　　此处我们应该暂停讨论，尝试澄清一个可能的误解．大多数时候，当抛掷两个骰子时，这两个骰子一般无二，而且并不区分它们一个为"第一个骰子"，另一个为"第二个骰子"．但为了计算出概率，我们应该这么做．举例来说，我们有两种方式掷出一个 3 和一个 4：一是第一个骰子掷出 3，第二个骰子掷出 4，二是与之相反；因此这次掷出一个 3 和一个 4 的概率为 2/36，即 1/18.相比之下，掷出两个 3 只有一种方式，故在一次抛掷中出现的概率只有 1/36.这可能有些令人困惑甚至违反直觉：当抛掷两个完全相同的骰子时，我们可能甚至都不知道掷出的是一个 3 和一个 4还是一个 4 和一个 3.把骰子想象成不同的颜色——比如说，一个红色和一个蓝色——或者一次掷出一个，而不是同时掷出，可能会有所帮助．

　　阐明这一点后，我们来计算一些概率．首先，假设抛掷两个骰子并将抛掷出来的数字相加．我们可能会有些疑问，比如：抛掷出的数字之和为 7 的概率是多大？

要回答这个问题，需要计算出在 36 种可能的抛掷结果中有多少种相加之和为 7. 可以用枚举法：我们可能抛掷出 1 和 6、2 和 5、3 和 4、4 和 3、5 和 2、6 和 1，总共有六种结果. 因此，抛掷出的数字之和为 7 的概率为 6/36，或者说 1/6.

相比之下，只有一种方式能让抛掷出的数字之和为 2——两个骰子都必须抛掷出 1——所以这种情况在一次抛掷出现的概率只有 1/36. 与之相似，有两种方式能让抛掷出的数字之和为 3——一个 1 和一个 2 以及一个 2 和一个 1——所以这种情况在一次抛掷中出现的概率为 2/36，或者说 1/18. 依此类推，我们可以计算出任何抛掷结果出现的概率，你可以花一些时间核实一下表 5-1 列出的概率.

表　5-1

和	得到这个和数的方式数	概率
2	1	$\dfrac{1}{36}$
3	2	$\dfrac{1}{18}$
4	3	$\dfrac{1}{12}$
5	4	$\dfrac{1}{9}$
6	5	$\dfrac{5}{36}$
7	6	$\dfrac{1}{6}$
8	5	$\dfrac{5}{36}$
9	4	$\dfrac{1}{9}$
10	3	$\dfrac{1}{12}$
11	2	$\dfrac{1}{18}$
12	1	$\dfrac{1}{36}$

现在让我们关注一些抛掷 3 个或者更多骰子的例子.

问题 5.2.1　假设现在抛掷 3 个骰子. 这 3 个骰子抛掷数字之和为
10 的概率是多大? 是 12 的概率是多大? 哪个可能性更大?

解　3 个骰子可能的抛掷结果共 $6^3 = 216$ 种, 我们只需要计算
出 3 个骰子抛掷出的数字之和为 10 和 12 的分别有多少种.

有很多种方法来解决这个问题——我们甚至可以把所有可能
的结果都写出来, 但最好是系统化的. 这有一种方法: 如果前两
个骰子抛掷出的数字之和为 4 到 9 的任意一个数字, 则第 3 个骰子
只有抛掷出数字 1 才能让 3 个骰子的抛掷结果之和为 10. 因此, 要
求得到和数 10 的方法种数简言之就是求前两个骰子抛掷出的数字
之和为 4 的结果数、和 5 的结果数直到和为 9 的结果数; 之前我
们已经计算出所有的结果, 答案是 $3+4+5+6+5+4 = 27$.
因此 3 个骰子抛掷出的数字之和为 10 的概率为 27/216, 化简后为
1/8.

相似地, 要求得到和数 12 的方法种数简言之就是求前两个骰
子抛掷出的数字之和为 6 的结果数、和为 7 的结果数直到和为 11
的结果数, 也就是

$$5+6+5+4+3+2 = 25$$

所以 3 个骰子抛掷出的数字之和为 12 的概率要略小于抛掷出的数
字之和为 10 的概率. ■

问题 5.2.2　再次抛掷 3 个骰子, 这一次来计算抛掷结果中至少有
一个 6 的概率.

解　这个问题比上一个问题要容易一些, 因为它更容易系统

化. 只需要运用减法原则: 至少出现一个 6 的结果数就是总结果数 216 减去不含数字 6 的结果数, 即

$$216 - 5^3 = 216 - 125 = 91$$

所以, 3 个骰子至少抛掷出一个数字 6 的概率为 91/216. ■

问题 5.2.3 最后一个例子, 我们抛掷 7 个骰子. 恰好出现两个 6 的概率是多大?

  解 这次需要使用乘法原理. 我们知道从 1 到 6 的 7 个数的序列共有 $6^7 = 279\,936$ 个, 需要计算出恰好包含两个 6 的序列有多少个. 我们可以依次选取以下两条来指定这样的序列:

- 序列中哪两个数字是 6,
- 序列中其他 5 个数是什么.

对第一条, 恰好有 $\binom{7}{2}$, 即 21 种选择. 对第二条, 只需要列举出序列中 5 个不是 6 的数, 即从 1 到 5 的数, 因此选择数为 $5^5 = 3125$. 所以, 我们计算的序列总数为

$$21 \times 3125 = 65\,625$$

从而抛掷出这样的序列的概率为

$$\frac{65\,625}{279\,936} \approx 0.234$$

换言之, 恰好出现两个 6 的概率略小于 1/4. ■

习题 5.2.4 假设抛掷 5 个骰子.

  1. 你能得到至少一个 5、至少一个 6 的可能性有多大?

  2. 5 个骰子抛掷出的数字之和为 5 或者更少的概率是多大?

习题 5.2.5 在一个比点数的游戏中, 每个玩家抛掷三个骰子, 他

们的得分即为抛掷出的最大数.

1. 得分为 1 的概率是多大?

2. 得分为 2 的概率是多大?

3. 得分为 2 或者更少的概率是多大?

4. 你的对手得分为 4. 你能赢(得分为 5 或 6)的概率是多大?

习题 5.2.6 假设抛掷骰子 10 次.

1. 恰好 2 次抛掷出数字 7 的概率是多大?

2. 以下哪一条更有可能发生?

   (a) 恰好抛掷出 1 个 6;

   (b) 恰好抛掷出 2 个 6;

   (c) 恰好抛掷出 3 个 6;

   (d) 没有抛掷出 6.

5.3 扑克游戏

现在我们从骰子过渡到纸牌,着重关注和扑克牌游戏相关的概率.

首先,我们要明确游戏规则.一副标准的扑克牌由 52 张纸牌组成,共有 4 种花色:黑桃(♠)、红心(♥)、方块(♦)和梅花(♣).每种花色有 13 张牌,数字为 2、3、4、5、6、7、8、9、10、J、Q、K 和 A.每个玩家的手牌由 5 张纸牌组成,依据哪个玩家的手牌"优先级"最高确定谁赢.各种牌型按最低(出现可能性较大)到最高(出现可能性较小)的优先级列举如下:

- 一对：一个对子，含有 2 张相同数字的牌组．
- 二对：2 个对子，每对含有 2 张相同数字的牌组．
- 三条：含有 3 张相同数字的牌组．
- 顺子：5 张手牌的数字形成一个连续序列．因为 A 可以算最大的牌也可以算最小的牌，于是，A2345 和 10JQKA 都是顺子．
- 同花：所有 5 张手牌都属于同一花色．
- 葫芦：3 张手牌含有相同数字，其他 2 张手牌也含有相同数字．
- 四条：含有 4 张相同数字的牌组．
- 同花顺：所有 5 张手牌都属于同一花色且形成连续序列．

在此说明一下，如果我们称一个牌组为"恰是三条"，表达的意思是这个牌组正是这个优先级，不包含更高的．

我们先从一个基本问题说起：如果你被随机分配了 5 张手牌，得到给定类型或更好的牌的概率是多少？这里说的"随机"是指所有可能的结果等可能出现，共

$$\binom{52}{5} = \frac{52 \cdot 51 \cdot 50 \cdot 49 \cdot 48}{5 \cdot 4 \cdot 3 \cdot 2 \cdot 1} = 2\ 598\ 960$$

种，所以得到某种特定类型牌组的概率大小就是这种类型牌组的总数除以 2 598 960，然后我们的目标是数出每种类型的种数．

我们先从优先级最高的同花顺算起．这可以直接利用乘法原理来计数：为了列举出一个特定的同花顺，我们只需要分别列出数字和花色，而二者是独立的．有 4 种花色是显而易见的，至于数字，一个顺子的最小牌可以是从 A 到 10（要记得我们将 A2345 也

记为一个顺子），所有总共有 10 种可能的数字. 因此, 同花顺共有

$$4 \times 10 = 40$$

种, 被分配到同花顺的概率为

$$\frac{40}{2\,598\,960} \approx 0.000\,015\,3$$

或者说大约是 1/64，974. 这是一种罕见事件：举例来说, 如果你一个星期大概能玩 200 把, 那么它六七年里才能出现一回.

接下来是四条. 我们再一次或多或少地运用了乘法原理：为了列举出四条的种数, 我们必须先列举出四条的 4 张牌的数字, 然后确定手中的第 5 张牌是剩余 48 张牌中的哪一张. 因此, 四条共有

$$13 \times 48 = 624$$

种, 被分配到四条的概率为

$$\frac{624}{2\,598\,960} \approx 0.000\,240\,01$$

或者粗略地表示为 1/4000. 换言之, 四条比同花顺更可能出现, 但也不要有太高的期望. 同样, 如果你一个星期大概能玩 200 把, 那么平均下来一年才能遇见两三回.

要注意, 如果我们想要计算得到"四条或者更高级的牌组"的概率, 需要将四条的种数和同花顺的种数加起来. 一般而言, 我们要计算得到某种给定等级牌组的可能性；为了数出某种特定的等级或者更高级的牌组, 需要将任何不低于该等级的牌组数相加.

葫芦同样很容易计算. 由于葫芦包含 3 张相同数字的纸牌和其余两张有另一种相同数字的纸牌, 因此需要先列举出 3 张含有

相同数字的纸牌的数字，再列举出其余 2 张纸牌上的数字；然后需要说明手中 3 张含有相同数字的纸牌是 4 种花色的哪 3 种，而其余 2 张含有相同数字的纸牌又是哪 2 种花色. 于是，葫芦种数是

$$13 \times 12 \times \binom{4}{3} \times \binom{4}{2} = 13 \times 12 \times 4 \times 6$$
$$= 3744$$

概率为

$$\frac{3744}{2\ 598\ 960} \approx 0.001\ 440\ 6$$

或者说大概是 1/700.

　　同花甚至更容易计算：我们先指定一种花色（4 种选择），再确定是这种花色的 13 张牌的哪 5 张牌来组成我们的手牌. 因此，同花的种数为

$$4 \times \binom{13}{5} = 4 \times 1287$$
$$= 5148$$

然而，要记得这是包括了同花顺的情形的. 如果只想计算同花的而非更高等级的种数，则需要减去那 40 种同花顺的情形，于是数目为

$$5148 - 40 = 5108$$

因此概率为

$$\frac{5108}{2\ 598\ 960} \approx 0.001\ 965\ 4$$

或者说大约是 1/500.

如果你一直读到这里，则顺子同样容易计算：我们需要列举出纸牌上的数字——正如之前算过的一样，有 10 种选择——然后是它们的花色，5 张牌的每一张都有 4 种可能的花色．因此，顺子总共有

$$10 \times 4^5 = 10 \times 1024$$
$$= 10\ 240$$

种，如果要排除掉同花顺，纯粹的顺子数就是

$$10\ 240 - 40 = 10\ 200$$

概率为

$$\frac{10\ 200}{2\ 598\ 960} \approx 0.003\ 924\ 6$$

或者说很接近 1/250.

接下来，我们来计算三条的种数．首先，这和我们之前所做的工作很相似：需要确定构成三条的 3 张牌的数字（13 种可能）；其次，要确定含有这个数字的 3 张牌是 4 种花色的哪 3 种（$\binom{4}{3} = 4$ 种可能），最后在牌堆中剩下的 48 张牌中确定 2 张来完善我们的手牌．

但这还有一个小问题：由于我们只是要计算等级为"三条"而非"葫芦"的牌组数，因此剩下的 2 张牌不能含有相同的数字．现在，如果要计算 48 张牌中 2 张含有不同数字的排列数，则答案是显而易见的：第一张牌有 48 种可能，第二张牌有 44 种可能，总共就有 48×44＝2112 种可能．不过因为这个问题与顺序无关，且因为每个含有这样 2 张牌的组合对应于两个不同的排列，所以 48 张牌中含有 2 张不同数字的牌对数是

$$48 \cdot 44/2 = 1056$$

因此，三条的种数为

$$13 \times 4 \times 1056 = 54\,912$$

其概率为

$$\frac{54\,912}{2\,598\,960} \approx 0.021\,128$$

或者粗略地表示为 1/50. 换言之，如果你在某个牌性大发的夜晚玩了 200 局扑克，你可能会被分配到三条 4 次.

计算手中恰有两对的种数稍微容易点. 我们要确定其包含的两组数字，有 $\binom{13}{2} = 78$ 种可能. 然后要确定手中构成二对的 4 张牌中哪两张含有相同的数字，共有

$$\binom{4}{2}^2 = 6^2 = 36$$

种可能. 最后，还需要在剩下的 44 张牌中（有 11 种数字）确定是哪一张来完善我们的手牌. 因此，恰好二对的总数有

$$78 \times 36 \times 44 = 123\,522$$

种，其概率为

$$\frac{123\,522}{2\,598\,960} \approx 0.047\,539$$

或者说大约是 1/20.

最后，我们来讨论恰有一对的情形. 可以采用和三条相似的方式来进行计算：确定这一对含有的数字（13 种可能）；确定这 2 张含有相同数字的牌的花色（$\binom{4}{2} = 6$ 种可能），最后在牌堆中 48 张牌中确定 3 张不是该数字的牌. 但是，和三条的情形一样，最后

一步有一点小问题：不构成一对的那 3 张牌必须全都含有不同的数字．同样，如果要计算牌的排列而非牌的组合，则会更加容易：共有 $48 \times 44 \times 40$ 种可能．由于要计算的是组合，可是因为每个三张牌的集合对应于 $3! = 6$ 种不同的排列，所以这样的组合的数目为

$$\frac{48 \cdot 44 \cdot 40}{6} = 14\ 080$$

因此，一对的种数有

$$13 \times 6 \times 14\ 080 = 1\ 098\ 240$$

种，其概率为

$$\frac{1\ 098\ 240}{2\ 598\ 960} \approx 0.422\ 56$$

或者说略小于 $1/2$. 正如我们之前讨论的那样，如果想要得到被分配到一对或者优先级更高的手牌的概率，需要将所有等级为一对及以上的种数加起来：总共有

$36 + 624 + 3744 + 5112 + 10\ 200 + 54\ 912 + 123\ 552 + 1\ 098\ 240$
$= 1\ 296\ 420$

种．

现在介绍另一种方法来计算这个结果，它能帮我们很好地检验我们的计算结果．可以用减法原理来计算出现一对或者优先级更高的牌型数，即计算手牌中没有对子的牌型数，再从总牌型数中减去．要计算没有两张牌含有相同的数字的牌型数，正如我们计算三条和一对那样，要先计算 5 张手牌中任何 2 张都不含相同数字的排列数，结果为

$$52 \times 48 \times 44 \times 40 \times 36$$

但是每个这样的牌型都对应于 5! ＝120 种排列，所以手牌中任何 2 张都不含相同数字的牌型数实际上是

$$\frac{52 \times 48 \times 44 \times 40 \times 36}{120} = 1\ 317\ 888$$

但求解还没有结束，这 1 317 888 种结果还包含顺子、同花和同花顺，如果想要计算优先级低于一对的牌型数，还需要排除掉这些情形．因此，优先级低于一对的牌型总数为

$$1\ 317\ 888 - 40 - 5108 - 10\ 200 = 1\ 302\ 540$$

正如我们预测的那样，优先级为一对或者更高的牌型数为

$$2\ 598\ 960 - 1\ 302\ 540 = 1\ 296\ 420$$

因此，要得到优先级为一对或者更高的牌型数的概率为

$$\frac{1\ 296\ 420}{2\ 598\ 960} \approx 0.498\ 43$$

或者说相当接近于 1/2.

习题 5.3.1　被分配到差一点就是同花的牌，即 4 张牌是同花色而第 5 张牌是另一种花色的概率是多大？

习题 5.3.2　5 张牌中至少包含一张 A 的概率是多大？

习题 5.3.3　在一副标准扑克牌中，两种花色（方块和红心）是红色的，另外两种花色（黑桃和梅花）是黑色的．我们把 5 张牌都是同种颜色的牌型称为同型同花．

1. 被分配到一个同型同花的概率是多大？

2. 第一小题所求概率与抛掷 5 枚硬币出现同样结果是否相同？并说明原因．

5.4 真正的扑克游戏

这一节看上去是没有必要的，但我们的律师坚持让我们收录它.

我们之前计算出和扑克游戏相关的概率，但它们都只不过是冰山一角. 在几乎所有版本的扑克游戏中，你的手牌并不是被一次性分配到你手中的：它分阶段进行，每个阶段之后都有一轮下注. 在每一次下注中，你需要基于目前已有手牌以及还没有分配的手牌数来清算每种可能的牌型出现的可能性.

而且，多数扑克游戏都至少涉及几张正面朝上的牌，每次分配一张正面朝上的牌，都改变着你下几轮可能得到的牌的概率以及你的手牌以怎样的形式去清算. 除此之外，每当有玩家下注（或不下注）或者加注（或不加注）时，都在改变着你对他们底牌情况预估的概率以及你下一轮比较容易被分配到哪些牌. 事实上，每次到你下注时，你需要计算获得每种可能出现的牌型的概率，而你将要赢得或输掉的赌注的多少则依赖于你得到的牌（这依赖于多方面的因素：其他玩家得到的牌是什么，底池中现有赌注是多少，其他玩家往底池中投下多少赌注以及你需要往底池中投下多少赌注）.

想要打好扑克，你必须能够准确（而且不会感情用事）计算出这些概率. 但是与此同时，它永远都不是完全精确的：一是任何人都不能快速完成这些计算；二是计算出的赌桌对面的玩家确实有一张数字为 K 的底牌的概率必然是不精确的. 换言之，严谨的扑克游戏是存在于数学和直觉之间的灰色地带. 我们这些在这两个领域都有弱点的玩家很可能会限制自己的下注.

5.5　桥牌

桥牌是另一种需要概率估计的纸牌游戏. 我们不准备过于深入、详尽地讨论这个游戏, 但会描述这个游戏的某个方面来引向这个有趣的概率问题.

在桥牌游戏中, 每个玩家都从一副标准卡牌中分配得到 13 张牌. 这意味着共有

$$\binom{52}{13} = 635\ 013\ 559\ 600$$

种可能的结果, 我们假定它们在任何牌局中都等可能出现⊖. 每一种牌型都有一个分布, 意思是 4 种不同的花色各有多少张牌: 例如, 手牌中一种花色有 4 张牌而其他花色各有 3 张牌的分布称为 4333 型; 手牌中两种花色有 4 张牌、第三种花色有 3 张牌、最后一种花色有两张牌的分布称为 4432 型, 等等.

此处我们想要讨论一个问题: 桥牌手牌有一个确定分布的概率是多大? 考虑一种特殊情形, 我们不禁想问: 4333 型分布和 4432 型分布哪一种更有可能发生? 它们中任意一个的概率相较于得到一个形如 5431 型的相对不均衡分布的可能性如何?

让我们先计算 4333 型分布的牌型总数. 可以通过两个步骤来大体上确定这种牌型: 首先, 确定 4 张同花色牌的花色, 然后, 确认 13 张牌中的哪些牌是我们确定的这种花色. 很明显, 想要确

⊖　在诸多桥牌锦标赛中, 情况并非如此. 锦标赛管理员会人为地在每张牌桌上处理稀有而有趣的牌型, 让选手在多张牌桌之间轮换.

定这 4 张同花色牌的花色有 4 种选择，至于确定哪 4 张牌属于我们确定的花色，需要选择该花色牌 4 张以及其他花色的牌各 3 张．由乘法原则，结果总数为

$$4 \cdot \binom{13}{4}\binom{13}{3}\binom{13}{3}\binom{13}{3}$$

或者用阶乘表示，为

$$4 \cdot \frac{13!}{4!9!} \cdot \frac{13!}{3!10!} \cdot \frac{13!}{3!10!} \cdot \frac{13!}{3!10!}$$

计算出来就是

$$= 66\ 905\ 856\ 160$$

因此，被分配到牌型分布为 4333 的手牌的概率为

$$\frac{66\ 905\ 856\ 160}{635\ 013\ 559\ 600} \approx 0.105$$

或者说稍大于 1/10.

接下来讨论 4432 型分布．思路是一样的：首先要计算出有多少种方法可以用 4 种数字来匹配这 4 种花色；然后，一旦指定了每种花色有多少张牌，就能计算出选择这些牌的方式数．第一部分，我们要选择两张牌的花色（4 种选择），然后是 3 张牌的花色（3 种选择）；剩下的两种花色各有 4 张牌．所以，相应的选择总数是

$$4 \cdot 3 \cdot \binom{13}{4}\binom{13}{4}\binom{13}{3}\binom{13}{2}$$

$$= 4 \cdot 3 \cdot \frac{13!}{4!9!} \cdot \frac{13!}{4!9!} \cdot \frac{13!}{3!10!} \cdot \frac{13!}{2!11!}$$

$$= 136\ 852\ 887\ 600$$

因此，被分配到 4432 型手牌的概率是

$$\frac{136\ 852\ 887\ 600}{635\ 013\ 559\ 600} \approx 0.216$$

或者说略高于 1/5. 故实际上, 我们能够得知被分配的手牌为 4432 型分布的概率要大于 4333 型分布的概率的 2 倍.

至此你大概能够掌握这个思路, 所以可以自己完成一些习题:

习题 5.5.1 猜测下列各项中哪一项更有可能发生并计算它们的概率:

1. 5332 型分布   2. 4441 型分布   3. 7321 型分布

习题 5.5.2 一手桥牌随机有 7 张同花色手牌的可能性是多大?

下一道习题需要解决一个基本的桥牌问题: 一旦你已经知道你的牌, 想要确定其他任何一个人的手牌的决定性因素是什么? 你得到的牌无疑会在一定程度上影响着其他玩家所获牌型的概率: 例如, 如果你有 11 张黑桃牌, 便可以轻松地确定牌桌上没人有形如 4333 型分布的手牌. 这是一个很困难的问题, 但如果你能做到的话, 就可以自称筹码大师了.

习题 5.5.3 假设你在玩桥牌游戏, 你拿起手牌发现它构成 7321 型分布. 你左边的玩家有着 4333 型手牌的可能性是多大?

5.6 生日问题

每个人都有生日, 撇开那些生于闰年 2 月 29 日的不走运的人, 每个人的生日都是平年 365 日里的某一天. 因此, 随机选择的两个人有着相同生日的概率为 1/365.

因此, 现在假定随机聚集 10 个人. 其中两人有相同生日的概率是多大？人群集合是 25 人，或者 50 人，或者 100 人又如何？显然，随着聚集人数的增加，其中两人有相同生日的概率也随之增加——当然，当你聚集了 366 个人，这就成了必然——故我们可能会问：聚集多少人才能使得其中两人有相同生日的概率要高于 50%？至此我们已经知道如何计算这些概率，当然，在我们这样做之前你可以花一些时间思考或猜测一下想要求解的概率．

思考完后，让我们继续．假定我们安排好一伙人，假设是 50 个人，并将他们的生日加以列表，我们得到一个由一年中的 50 天形成的序列．再假定这些人是随机挑选出来的——所以每个人都有可能在某一天出生——这样便有 365^{50} 种可能的序列，且所有序列都是等可能出现的．

这样的话，这 365^{50} 种可能的序列中有多少种包含相同的一天？我们知道有多少种不包含相同的一天：由标准公式，由 50 天形成且没有相同一天的序列的数目是

$$365!/315! \quad 或 \quad 365 \cdot 364 \cdot 363 \cdot \cdots \cdot 317 \cdot 316$$

因此，50 个人中没有两个人有相同生日的概率为

$$\frac{365 \cdot 364 \cdot 363 \cdot \cdots \cdot 317 \cdot 316}{365^{50}}$$

目前我们得到了一些比较庞大的数字，对如何将它们相乘要加以小心：如果只是要求计算器计算出 365^{50} 的结果，那我们永远得不到结果．但可以将计算式改写成让数字有合适大小的形式：

$$\frac{365 \cdot 364 \cdot 363 \cdot \cdots \cdot 317 \cdot 316}{365^{50}}$$

$$= \frac{365}{365} \cdot \frac{364}{365} \cdot \cdots \cdot \frac{317}{365} \cdot \frac{316}{365}$$

$$= 1 \cdot \left(1 - \frac{1}{365}\right) \cdot \left(1 - \frac{2}{365}\right) \cdot \cdots \cdot \left(1 - \frac{48}{365}\right) \cdot \left(1 - \frac{49}{365}\right)$$

这是我们（更确切地说，是我们的计算器）能够求出的结果，50 人中没有两个人的生日在相同一天的概率是 0.029 6. 换言之，如果我们随机选择 50 个人，则有两个人生日在同一天的概率要大于 97%！在仔细考虑过这个问题后，这个结果是令人惊讶的.

事实上，如果你计算过这些概率，则 23 个人的情形中有两个人生日在同一天的概率是 50.7%，或者说略大于 1/2；当计算到 30 个人的情形时，有两个人生日在同一天的概率是 70.6%.

习题 5.6.1 需要将多少人聚集在一个房间内，才能让其中两人有相同星座的概率大于 1/2（共有 12 种星座）？

习题 5.6.2 需要将多少人聚集在一个房间内（不包括你自己），才能让其中有人和你同一天生日的概率大于 1/2？

插曲

读到现在——如果你明白了上一章中多数的计算问题——你便已经对计数有了充分的了解. 特别是，你已经学到我们在本书的余下部分所用到的全部计算思想和技巧. 从一个严格的逻辑观点出发，你可以直接进入第二部分，继续进行第 5 章开始的概率学习.

但是在计数的过程中，我们遇到了一类数字，即二项式系数，它们本身就值得研究，无论是因为它们具有的迷人的性质和模式，还是因为它们出现在很多数学领域中. 我们将在这里花一些时间，相应地，用一章的篇幅来讨论二项式系数本身. 在第二部分回到概率论学习之前，我们将在第 7 章继续讨论一些更高级的计数技术.

这些弯路在数学中是很常见的——我们为了解决一个特定问题而开发的工具常常会在它们自己的学科方向中开辟出令人惊讶的研究领域.

第6章

帕斯卡三角与二项式定理

6.1 帕斯卡三角

简单地制作一张表格并加以研究很可能是寻找二项式系数排列的最佳方法，也许就可以从中得出一些结论．（数学家喜欢给人留下通过抽象思维来得出结论的印象，但实际情况却平凡得多：至少我们大多数人都是从实验做起来寻求结论．）至于该表格应该采用何种形式，我们有一种特别适用于二项式系数排列的经典表示方法，即帕斯卡三角．

帕斯卡三角由多行组成，每行为二项式系数 $\binom{n}{k}$ 的值，其中 n 给定，k 依次增加．例如，$n=1$ 所在的行仅有两个值：

$$\binom{1}{0}=1, \ \binom{1}{1}=1$$

$n=2$ 所在的行有 3 个值：

$$\binom{2}{0}=1, \ \binom{2}{1}=2, \ \binom{2}{2}=1$$

$n=3$ 所在的行有 4 个值：

$$\binom{3}{0}=1,\ \binom{3}{1}=3,\ \binom{3}{2}=3,\ \binom{3}{3}=1$$

依此类推．这些行自上而下排列，中心垂直对齐．这个三角形看似永无止境，但必须要让它在某个地方终止．需要注意的是，我们是从 $n=0$ 这一行开始的，其中仅包含一个二项式系数 $\binom{0}{0}=1$．（通常，我们称以 $\binom{n}{0}$ 开头，紧随 $\binom{n}{1}$、$\binom{n}{2}$ 等系数的行为第 n 行．）

正如之前讨论的那样，我们在二项式系数中观察到的模式都能在帕斯卡三角中得到证实．最令人惊叹的是对称性，如图 6-1 所示：如果将整个三角形以中垂线为轴进行旋转，它仍保持不变，这正好体现了 $\binom{n}{k}=\binom{n}{n-k}$ 这一事实．

				1						($n = 0$)
			1		1					($n = 1$)
		1		2		1				($n = 2$)
	1		3		3		1			($n = 3$)
1		4		6		4		1		($n = 4$)
1		5		10		10		5	1	($n = 5$)
1	6		15		20		15		6	1　($n = 6$)
1	7	21		35		35		21	7	1　($n = 7$)
1	8	28	56		70		56	28	8	1　($n = 8$)

图 6-1　帕斯卡三角

事实上，我们还可以注意到对任意的 n，三角形的两边完全由

1 组成，即 $\binom{n}{0}=\binom{n}{n}=1$，而且每一行的第二位数和倒数第二位数均为行数 n，即 $\binom{n}{1}=\binom{n}{n-1}=n$.

　　截至现在，我们讨论的所有规律都只是在处理单独一行上的数据项时得出的：第一个数和最后一个数都为 1，行是对称的，等等．但是，将所有二项式系数一起写出来也可以揭示不同行中项与项之间的关联．一旦你想到这一点，又或者曾经看到过相关结论，就会觉得它是显而易见的；若不然，在我们指明之前，可以花点时间仔细观察一下这个三角形．

　　好了，现在我们来揭示答案：表中的每一项恰好等于其上一行中邻近此项的两项之和．$n=5$ 这一行的第 3 项 $\binom{5}{2}=10$ 恰好是 $n=4$ 这一行的第 2 项 $\binom{4}{1}=4$ 和第 3 项 $\binom{4}{2}=6$ 之和；$n=8$ 这一行的第 4 项 $\binom{8}{3}=56$ 恰好是 $n=7$ 这一行的第 3 项 $\binom{7}{2}=21$ 和第 4 项 $\binom{7}{3}=35$ 之和，依此类推．事实上，运用这个规律，我们可以在无须对阶乘进行任何乘除运算的情况下直接写出下一行 $(n=9)$ 各项，只需在 $n=8$ 这一行中将对应的成对项相加即可，如图 6-2 所示．

　　现在，我们得到了适用于表的前 8 行的一个帕斯卡三角．这可能足以说明问题，但对数学家而言，在实验中观察出这种排列仅仅是第一步．接下来我们想用数学术语来表达它，并解释为什么这种排列（以及是否）总是正确的（如果正确的话）．

```
                    1
                 1     1
              1     2     1
           1     3     3     1
        1     4     6     4     1
     1     5    10    10     5     1
  1     6    15    20    15     6     1
1     7    21    35    35    21     7     1
1  8    28    56    70    56    28     8     1
1   9   36    84   126   126    84    36     9     1
```

图 6-2

让我们从数学表达式开始．在刚才引用的例子中，$n=4$ 行中的第 2 项和第 3 项之和等于 $n=5$ 行中的第 3 项，而 $n=7$ 行中的第 3 项和第 4 项之和等于 $n=8$ 行的第 4 项．一般来说，表示这种形式的方法是：第 n 行的第 k 项 $\binom{n}{k}$ 等于第 $n-1$ 行的第 $k-1$ 项和第 k 项之和，即

$$\binom{n}{k}=\binom{n-1}{k-1}+\binom{n-1}{k}$$

这是我们得到的公式，问题是，对吗？实际上，此公式不仅正确，而且可以用两种不同的方法来验证它！我们既可以将二项式系数视为计数问题的解，并试图以此方式弄清楚该等式成立的原因，也可以用二项式系数的阶乘公式 $\binom{n}{k}=\dfrac{n!}{k!(n-k)!}$ 去处理该方程式的左侧，检验其是否与等式右侧相等．

我们先将二项式系数解释为计数问题的解，并通过例子来更好地描述这种方法．思考一会如何计算可能出现的桥牌牌组数：

从一副完整的 52 张牌中不重复地抽取 13 张，我们知道这样的牌组数恰好是二项式系数 $\binom{52}{13}$.

　　现在假设我们将所有桥牌牌组分为两类：包含黑桃 A 的牌组和不包含黑桃 A 的牌组，这两类分别含有多少种牌组呢？显然，不包含黑桃 A 的牌组就是从余下的 51 张牌中不重复选取 13 张牌，即共有 $\binom{51}{13}$ 种牌组；相似地，包含黑桃 A 的牌组就是由黑桃 A 以及余下的 51 张牌中不重复抽取出的 12 张牌所构成，共 $\binom{51}{12}$ 种．因为每种牌组要么包含黑桃 A 要么不包含黑桃 A，所以所有可能的牌组数一定等于包含黑桃 A 的牌组数加上不包含黑桃 A 的牌组数，也就是说，

$$\binom{52}{13} = \binom{51}{12} + \binom{51}{13}$$

　　同一逻辑对任意的 k 和 n 都适用：如果要对从包含 n 个元素的对象池中不重复选取出 k 个对象的选取方式进行计数，则可以从 n 元对象池中选出一个指定元素（选择哪个元素无关紧要），然后将从 n 元对象池中抽取出的 k 个元素所构成的集合分为包含指定元素和不包含指定元素两种．对于不包含特定元素的集合，其 k 个元素都需要从对象池中余下的 $n-1$ 个对象中选取；对于包含特定元素的集合，其余 $k-1$ 个元素需要从对象池中余下的 $n-1$ 个对象中选取．所以可以得到

> 在帕斯卡三角中，每一个二项式系数都是上一行相应的两项之和：
>
> $$\binom{n}{k} = \binom{n-1}{k-1} + \binom{n-1}{k}$$

如我们所言，考虑第二种方法，即通过代数方法来验证等式成立. 我们知道

$$\binom{n-1}{k-1} = \frac{(n-1)!}{(k-1)!(n-k)!}, \quad \binom{n-1}{k} = \frac{(n-1)!}{k!(n-k-1)!}$$

我们在小学就已经学过，如果想将两个分数相加，先要保证它们的分母相等. 所以现在可以这样做：分数 $\dfrac{(n-1)!}{(k-1)!(n-k)!}$ 的分子分母同乘 k，于是有

$$\frac{(n-1)!}{(k-1)!(n-k)!} = \frac{k}{k} \cdot \frac{(n-1)!}{(k-1)!(n-k)!}$$

$$= \frac{k \cdot (n-1)!}{k!(n-k)!}$$

同样，让分数 $\dfrac{(n-1)!}{k!(n-k-1)!}$ 的分子分母同乘 $n-k$，可以得到

$$\frac{(n-1)!}{k!(n-k-1)!} = \frac{n-k}{n-k} \cdot \frac{(n-1)!}{k!(n-k-1)!}$$

$$= \frac{(n-k) \cdot (n-1)!}{k!(n-k)!}$$

现将二者相加，则有

$$\frac{(n-1)!}{(k-1)!(n-k)!} + \frac{(n-1)!}{k!(n-k-1)!} = \frac{k \cdot (n-1)!}{k!(n-k)!} + \frac{(n-k) \cdot (n-1)!}{k!(n-k)!}$$

提取公因式，合并 k 和 $n-k$，可以得到

$$= \frac{(k+(n-k)) \cdot (n-1)!}{k!(n-k)!}$$

$$= \frac{n \cdot (n-1)!}{k!(n-k)!}$$

然后将 n 与 $(n-1)!$ 合并，可把公式整理为

$$= \frac{n!}{k!(n-k)!}$$

很容易看出来它就是 $\binom{n}{k}$. 这就是公式完整的代数证明！

习题 6.1.1　从帕斯卡三角第 9 行出发，使用新公式来计算第 10 行和第 11 行.

6.2　帕斯卡三角的性质

如果足够细致地观察帕斯卡三角，有可能还会发现它的另外两个性质.

先假设你心血来潮要对三角形的每一行的二项式系数求和，会得到什么呢？这个性质很快就会呈现出来，如图 6-3 所示。

$$
\begin{array}{ll}
1 & = 1 \\
1+1 & = 2 \\
1+2+1 & = 4 \\
1+3+3+1 & = 8 \\
1+4+6+4+1 & = 16 \\
1+5+10+10+5+1 & = 32 \\
1+6+15+20+15+6+1 & = 64 \\
\end{array}
$$

图　6-3

第一部分 计 数

从中可以看到，每一行二项式系数的和都是 2 的某个幂次，更确切地说，第 n 行的和为 2^n．

为什么会这样呢？这就像刚说到的关系，一旦你看到它，就不难弄清楚原因．有很多方法可以证明，但出于趣味性（以及具体性），我们先做这么一件事情：

想象一下，我们在一个沙拉吧，这里有 7 种配料——生菜、番茄、洋葱、黄瓜、西兰花、胡萝卜和最常见的豆腐块．现在我们要问：可以配制多少种沙拉？

如果能想到乘法原理这个正确的方法，这个问题便迎刃而解．我们可以从一个简单的选择开始：是否要在沙拉中加入生菜？接下来，我们考虑是否要加入西红柿，依此类推．总而言之，我们必须做出 7 个独立的选择，在每个选择中都要做出是或否的决定．再根据乘法原理，便能得到 $2^7 = 128$ 种可能的沙拉配制方案．（要注意，可以选择不添加任何配料，即空沙拉．）

另一方面，如果我们问：可以制作多少种恰好含有 3 种配料的沙拉？这同样是一个对于我们已知结论的简单应用：从 7 种配料中挑选 3 种可以有 $\binom{7}{3}$ 种不同的挑选方式．只包含 2 种配料的又有多少种？毫无疑问是 $\binom{7}{2}$ 种．那么 4 种配料呢？答案显然是 $\binom{7}{4}$，依此类推．

现在就能看出来：沙拉总种数是不加配料的沙拉种数、含一种配料的沙拉种数、含两种配料的沙拉种数等 8 项之和．既然我们已经确定沙拉总种数为 2^7，便得出以下结论：

$$\binom{7}{0}+\binom{7}{1}+\binom{7}{2}+\binom{7}{3}+\binom{7}{4}+\binom{7}{5}+\binom{7}{6}+\binom{7}{7}=2^7$$

此外，你会发现，对于任意的 n，都可以通过同样的思路来建立这种对应关系：只需想象沙拉吧里有 n 种配料，再考虑根据这些配料可以配制多少种沙拉．一方面，按照乘法原理，沙拉总种数为 2^n；另一方面，它等于不添加任何配料的沙拉种数 $\binom{n}{0}$、添加 1 种配料的沙拉种数 $\binom{n}{1}$、添加 2 种配料的沙拉种数 $\binom{n}{2}$ 等八项之和．因此，第 n 行的二项式系数之和一定等于 2^n．

顺便说一下，这种关系与我们在上一节中得出的关系之间存在一个有趣的差异．在那种情况下，有两种不同的方法来验证这种关系：一种是组合的方法，即通过将二项式系数解释为计数问题的解来验证；另一种是代数运算的方法，即通过处理二项式系数的阶乘公式来验证．在当前情况下，我们确实有一种非常直接的组合方式来验证该等式成立．但是，公式本身并不能直观反映出它为何成立：如果不知道二项式系数计数集合又只有代数工具可使用的话，将会很难证明

$$\frac{n!}{0!\,n!}+\frac{n!}{1!(n-1)!}+\frac{n!}{2!(n-2)!}+\cdots+\frac{n!}{(n-1)!\,1!}+\frac{n!}{n!\,0!}=2^n$$

事实上，我们将在下一节讨论如何利用二项式定理来推导这一个以及另一个关系式．

下一个性质很可能更加精巧．我们来注意一下每行的二项式系数的交错和：也就是说，我们关注特定的一行并取该行的第 1 个数字，减去第 2 个，再加上第 3 个，减去第 4 个，再加上第 5

第一部分 计 数

个，依此类推直到最后．我们能得到什么？同样，这一性质很快
就会浮现，如图 6-4 所示。

$$
\begin{array}{ll}
1-1 & = 0 \\
1-2+1 & = 0 \\
1-3+3-1 & = 0 \\
1-4+6-4+1 & = 0 \\
1-5+10-10+5-1 & = 0 \\
1-6+15-20+15-6+1 & = 0
\end{array}
$$

图 6-4

与之前一样，我们想知道每行数字的交替和是否始终为 0，如
果是的话其依据是什么．注意，这一次的结果有一半是显而易见
的：例如，在 $n=5$ 这一行中，每个数字出现两次，一次带有加
号，一次带有减号，因此它们会抵消．事实上每一个奇数行都是
如此，但对于偶数行为何同样成立则没有这么清晰可见．

我们还是基于计数方法来解释上述结论的正确性，并尝试用
概率来表述它．关键问题是：如果我们将一枚硬币抛掷 6 次，抛掷
结果中有偶数次是正面朝上的概率是多少？同样，我们得到奇数次
正面朝上的抛掷结果的概率又是多少？

首先，我们可以根据前几章中推导的公式来回答这些问题．
抛掷出偶数次正面的概率就是抛掷出 0 次正面的概率、抛掷出 2 次
正面的概率、抛掷出 4 次正面的概率以及抛掷出 6 次正面的概率之
和．我们在上一章中已经计算出这些概率，于是得出答案

$$\frac{\dbinom{6}{0}+\dbinom{6}{2}+\dbinom{6}{4}+\dbinom{6}{6}}{2^6}$$

类似地, 抛掷出奇数次正面的概率是

$$\frac{\dbinom{6}{1}+\dbinom{6}{3}+\dbinom{6}{5}}{2^6}$$

到现在为止, 一切进展得都还不错. 但对于同一问题, 我们还有更为简洁明了的方法. 基于最后一次的抛掷结果这个简单事实: 无论前 5 次抛掷结果如何, 正面朝上的总次数是奇数还是偶数都将取决于最后一次抛掷的结果. 也就是说, 如果前 5 次正面朝上的次数是偶数, 那么最后一次抛掷若是反面朝上, 则总数仍为偶数, 反之则为奇数; 如果前 5 次抛掷正面朝上的次数为奇数, 那么若最后一次抛掷为正面朝上, 则总数为偶数, 反之则仍为奇数. 无论哪种方式, 发生的概率都是 50%, 即正面朝上的总次数是奇数的概率等于总次数是偶数的概率. 但由于我们已经计算出这些概率, 所以结论便是上述两个表达式必须相等. 也就是

$$\dbinom{6}{0}+\dbinom{6}{2}+\dbinom{6}{4}+\dbinom{6}{6}=\dbinom{6}{1}+\dbinom{6}{3}+\dbinom{6}{5}$$

上式恰好表明了交替和

$$\dbinom{6}{0}-\dbinom{6}{1}+\dbinom{6}{2}-\dbinom{6}{3}+\dbinom{6}{4}-\dbinom{6}{5}+\dbinom{6}{6}=0$$

即在这种情形下, 我们已经建立了所需关系. 而且, 相同的逻辑明显适用于任意的 n: 试想一下抛掷一枚硬币 n 次, 再一次考虑正面朝上总次数为偶数的可能性.

尽管在帕斯卡三角中还有许多性质值得去探讨，但我们暂且止步于此．（我们将在下面的习题 6.2.2 中再提到一个性质．）不过，值得一提的是，这些论证都说明了一个适用于生活的方方面面（而不只是数学）的道理：要找到一个好的答案，关键是要问正确的问题．

这里有另一种方式来考察我们刚才得到的两个关系：

习题 6.2.1 利用帕斯卡三角中的每个数字都是紧接其上方的两个数字之和的结论，证明每一行中数字的交替和为 0. 你是否可以对第 n 行的二项式系数之和一定等于 2^n 这一结论提出相似论点？

还有一个：

习题 6.2.2 尝试以下方法：从帕斯卡三角三条边上的任意一个 1 开始，沿着与对边平行的直线移动，并对所有数字求和，直到到达特定行．例如，如果从二项式系数 $\binom{2}{2} = 1$ 开始移动直到 $n = 6$ 这一行，将得到总和

$$\binom{2}{2} + \binom{3}{2} + \binom{4}{2} + \binom{5}{2} + \binom{6}{2}$$

或者更为形象地说，是图 6-5 所示的这个三角形中被方框标识出来的数字之和．

这种情形下，这些数字之和是多少？推广至一般情形下它又是多少？多尝试几次，看看能否找到规律，然后验证这一规律是否恒成立．

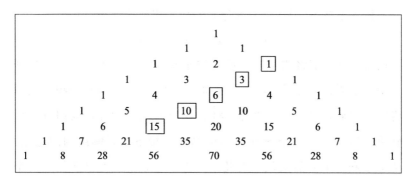

图　6-5

习题 6.2.3　假设抛掷一枚质地均匀的硬币 7 次，正面朝上的总次数为偶数的概率是多少？

6.3　二项式定理

二项式定理涉及两个数之和的幂次，这有些困扰人，所以在本书中我们在条件允许的情形下尝试使用数字而不是字母，将之称为 x 和 y. 简单地讲，现在的问题就是，对 x 和 y 求和并进行幂运算会得到什么？

让我们从第一个例子开始：让 $x+y$ 与自身相乘.（我们当然清楚你已经知道该怎么做，但还是耐着性子和我们一起做：希望你在做的时候考虑一下自己是在做什么.）我们将其写为

$$(x+y)(x+y)$$

把它展开计算，将会得到 4 项，分别为 x 的平方项 x^2、y 的平方项 y^2、两个交叉项 xy 和 yx，加起来的结果是 $x^2+2xy+y^2$.

接下来考虑 $x+y$ 的三次幂，写成乘积形式就是

$$(x+y)(x+y)(x+y)$$

尝试着预计一下将式子展开后的结果是什么．首先，数一下展开式中的总项数：展开时，必须从每个因子 $x+y$ 中选择一项，然后将它们相乘．根据乘法原理，将有 $2^3(8)$ 项．现在，我们可以得到第 1 项 x^3，即 3 个 x 相乘后的结果．接下来要解决的问题是：两个 x 和一个 y 的乘积项有几个？答案是 3 个：可以从任意两个因子中选择 x 项，从剩下的一个因子里选择 y．同样，我们将在乘积中获得 3 个 xy^2 项和 1 个 y^3 项．所以最终将得到

$$(x+y)^3 = x^3 + 3x^2y + 3xy^2 + y^3$$

或许你已经能看出来一些规律，但还是让我们接着再看一个例子．考虑 $(x+y)^4$：

$$(x+y)(x+y)(x+y)(x+y)$$

我们来计算这个乘积．和三次幂的情形类似，我们将会得到一项 4 个 x 的乘积 x^4．同样，会得到 4 项包含 3 个 x 和一个 y：从任意 3 个因子中选取 x 项，从剩下的因子中选取 y 项．类似地，包含两个 x 和两个 y 的展开项的项数就等于从 4 个乘积因子中任意选取两个的方法数，即 $\binom{4}{2}=6$．通过以上分析，可以得到

$$(x+y)^4 = x^4 + 4x^3y + 6x^2y^2 + 4xy^3 + y^4$$

总的来说，这就是我们所期望的结果．当计算 $x+y$ 的 n 次幂时，将会得到 2^n 项，其中包含 k 个 x 和 $n-k$ 个 y 的乘积项刚好有 $\binom{n}{k}$ 个．这意味着我们能得到一个通用公式

$$(x+y)^n = \binom{n}{0}x^n + \binom{n}{1}x^{n-1}y + \binom{n}{2}x^{n-2}y^2 +$$

$$\cdots + \binom{n}{n-1}xy^{n-1} + \binom{n}{n}y^n$$

或者可以用文字描述：

> $(x+y)^n$ 的展开式中 $x^k y^{n-k}$ 的系数为 $\binom{n}{k}$.

以上结论就是二项式定理，这也是二项式系数得名的由来.

最后，我们将提供两种新方法，以验证在上一节中得出的关系. 事实上，一旦有了二项式定理，这一关系就非常容易得到.

问题的关键在于我们刚刚得到的关于 $(x+y)^n$ 的公式是一个代数方程：如果用任意两个数字替换 x 和 y，它仍然成立. 那么如果将 x 和 y 都用 1 替代会得到什么结果？此时，$x+y=2$，而且无论 n 和 k 取何值，$x^k y^{n-k}=1$ 恒成立，故上述通用公式可写成

$$2^n = \binom{n}{0} + \binom{n}{1} + \binom{n}{2} + \cdots + \binom{n}{n-1} + \binom{n}{n}$$

这是上一节中得到的第一个关系.

类似地，可以用 1 替换 x，用 -1 替换 y. 那么 $x+y=0$，乘积项 $x^k y^{n-k}$ 的值交替取 1 和 -1：$x^n=1$，$x^{n-1}y=-1$，$x^{n-2}y^2=1$，依此类推. 完成整个等式的替换后，我们得到

$$0 = \binom{n}{0} - \binom{n}{1} + \binom{n}{2} - \binom{n}{3} + \cdots$$

这就是上一节中得到的第二个关系.

在完成下面两个习题之前，可能需要回顾一下 4.4 节讨论的

多项式系数的相关知识.

习题 6.3.1 在 $(x+y+z)^8$ 的展开式中，$x^3 y^2 z^3$ 这一项的系数是多少？（提示：回想二项式定理的推导.）

习题 6.3.2 对所有上端为 7、下端为任意三个和为 7 的数字的多项式 $\begin{pmatrix} 7 \\ a, & b, & c \end{pmatrix}$ 求和，结果是多少？（提示：运用上一题的结果.）

第7章

高 等 计 数

如果你已经学习完本书的前 5 章（甚至是前 6 章），那么已经掌握了扎实的计数基础，足以顺利学习完本书的剩余内容．尽管如此，在本章，我们还要讨论两个附加的内容，以拓展你的视野．

其实，第一个内容并没有比我们探讨过的高深多少，与 4.5 节所讨论的一样，它也是关于含有重复项集合的数量的公式．事实上，这个问题与我们到目前为止所看到的差不多，不过，它的推导过程（而非公式本身）可能不如本书主体内容那么浅显易懂．

第二个内容是卡塔兰数及其相关应用，它是高等计数一个有趣的练手．如果到目前为止你已经开始享受本书中的挑战，那么可能会获得解决一类新问题的灵感．如果并没有，则可以从人类学家的角度来看待它：它至少能让你对数学家乐于计数的深奥事物有所了解．

7.1 含有重复项的集合

先简要回顾一下 4.5 节讨论的内容．在书中的这一部分，我们推导了三个主要公式.

- 计算了从 n 元公共对象池中选择一个允许重复（即顺序在一系列的选择中起影响作用）的 k 元对象序列的方法数，例如，给定长度的单词、掷硬币或掷骰子的结果.
- 计算了从 n 元公共对象池中选择一个不允许重复的 k 元对象序列的方法数，例如，给定长度且无重复字母的单词、班干部推举等.
- 计算了从 n 元对象池中选择一个无重复（即顺序在一系列选择中无关紧要）对象集合的方法数，例如，班级学生委员会成员的选择、视频租赁等.

和 4.5 节一样，我们将上述内容列表，如表 7-1 所示。

表 7-1

	允许重复	不允许重复
序列	n^k	$n!/(n-k)!$
集合	??	$n!/k!(n-k)!$

可以看到表 7-1 明显缺少了一项：我们不知道如何计算从一个公共对象池中选择允许重复的对象集合的方法数. 现在是时候补全这种情况了。

我们还是先继续讨论 4.5 节中介绍的果盘例子.（我们会更改数字以使问题更容易解决）现在的情况是：水果碗里盛放着 8 种水果，分别是苹果、香蕉、哈密瓜、榴莲、接骨木浆果、无花果、西柚和白兰瓜，每种都不限量. 你正在准备一些水果小吃，并认为准备 5 种水果就差不多了. 那么我们要问，你可以准备多少种不同的水果小吃？

现在出于某种原因，你决定每种水果最多只能拿一份——换言之，你希望小吃包含 5 种不同水果——这就变成了一个经典问题：从 8 种水果中不重复地选取 5 种水果作为对象集合共有多少种方式？答案是 $\binom{8}{5}$，即 56 种．要是没有规定每种水果最后只能选一份，例如，可以搭配 3 个苹果和 2 根香蕉，或者干脆就是 5 根香蕉．因此，可能的搭配方案应该比这更多，那么是多少呢？

在继续求解之前，我们先讨论一些不奏效的方法．例如，我们可以尝试使用在 4.2 节对无重复对象集合进行计数时的技巧，即可以先尝试对水果序列（而不是集合）进行计数．（这是一个艰巨的任务，但只要想象一下我们正在为小吃拟定一份既指定水果种类又指定选择顺序的菜单，就可以去弄清楚有多少种菜单．）如 4.2 节所述，所求水果序列或菜单的数量共有 8^5 个，即 32 768．

但在某些场合，这种方法就会失效．在不含重复项的对象序列，每一个含有 5 个对象的集合恰好对应着 5! 或者 120 种不同的对象序列，即对应于这么多种让你吃上 5 种不同水果的菜单．但如果允许重复的话，并不是所有集合都能产生 120 种不同的菜单：例如，要是搭配了 3 个苹果和 2 根香蕉，可能的菜单数或者确定 5 种不同水果选择顺序的方式数就会是 $\binom{5}{3}=10$，对应于在菜单上放置苹果的不同方式．当然，如果决定选择拿 5 根香蕉的话，那么只有一种可能的菜单．因此，我们不能像处理不允许重复的情况一样，仅是将序列数除以 120 来得出集合数．

换个思路，我们现在已知不允许重复的水果集合有 $\binom{8}{5}=56$

个．那么某种水果取两份、余下 7 种水果中确定 3 种并各取一份的集合有多少个呢？我们先确定哪种水果取两份——有 8 种选择，然后从剩余的 7 种水果中不重复地选出 3 种，共有 $\binom{7}{3}=35$ 种选择，总共就有 $8×35=280$ 种可能的情况．同样，我们可以计算某种水果取三份、余下 7 种水果中确定两种各取一份的集合数（$8×\binom{7}{2}=168$），某两种水果各取两份、余下 6 种水果中确定一种取一份的集合数（$\binom{8}{2}×6=168$），依此类推．事实上，可以依次考虑搭配 5 份水果所有可能的方法并求出总和．但这种方法太过麻烦，而且无法推导出一个通用的公式．并且，和你想到的一样，当数字稍大时，问题就变得完全无法处理．

最后，我们换一种不同的思考方式解决这个问题，即采用图形解法而非数值解法．截至目前，我们还未呈现过这种方法，但数学家却大量使用着，尤其是在处理计数问题时．图形解法的总体思路是把计数对象与图表、方框集合等图形相关联，然后对这些图形出现的次数进行计数．举例说明可能是解读图形解法的最佳方式，在本节以及 7.6 节推导卡塔兰数公式时会介绍大量示例．

这种方法通常需要一定的独创性：通常来讲，事先我们并不清楚要用哪些图形与待计数事物相关联．现在要计算水果的集合数量，准备用方框图表示每个可能的选择，稍后将具体描述．起初这样做的原因并不清晰，但（冒着混淆水果选择的风险）事实胜于雄辩：最后，我们会发现这个难题已经转化为可以轻松解决的问题.

现在开始解决问题！首先，假设水果是按字母顺序排列的：苹果、香蕉、哈密瓜，依此列举，直到西柚和甜瓜. 我们有 5 个白色方框，对应于可能取到的水果选项，还有 7 个灰色方框作为分隔物——这里的 7 就是待选水果集合元素个数减去 1. 现在假设我们确定要做某一种小吃，则可以根据以下规则将方框排成一行来表示该选择：

- 放在第 1 个分隔物左边的白色方框数量是苹果的数量，
- 放在第 1 个和第 2 个分隔物之间的白色方框数量是香蕉的数量，
- 放在第 2 个和第 3 个分隔物之间的白色方框数量是哈密瓜的数量，

依此类推，直到

- 放在第 6 个和第 7 个分隔物之间的白色方框数量是西柚的数量，
- 放在最后一个分隔物右边的白色方框数量是甜瓜的数量.

例如，"1 个苹果、1 根香蕉、2 个无花果和 1 颗西柚"的选择可以表示为

"1 个哈密瓜、1 个榴莲、1 个无花果和 2 个甜瓜"的选择可以表示为

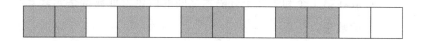

因此，每个选择都可以表示成一个含有 12 个方框的方框图，其中灰色方框有 7 个，白色方框有 5 个．反之，对任一这样的方框图，我们都可以解读成某一种水果选择，例如方框图

可以表示"1 个苹果、1 根香蕉和 3 颗西柚"这种选择．

当我们初次提出这种解读方式时，它似乎显得有些随意，但现在可以把原因解释得更加清楚：我们将从 8 元对象池中允许重复地选出一个 5 元对象集合与方框图建立起确切的对应关系．因此，集合的数量就等于方框图的数量，而对方框图进行计数是我们已知的：它就是从 12 个方框中选出 7 个进行着色的方法数，即

$$\binom{12}{7} = 792$$

换言之，可能的水果小吃种数就是在 12 个位置放置 7 个分隔物的可行方案数．

类似地，通常也可以用这种方法解决从 n 元对象池中选出一个 k 元集合的计数问题．我们先对池中所有对象进行任意排序，称它们为"元素♯1""元素♯2"，依此类推，直到"元素♯n"．然后，对任何一个这样的集合，我们都将其与一个含有 $n-1$ 个灰色方框（分隔物）和 k 个白色方框的方框图相关联．规则很简单，本质与水果示例中提出的并无二致：

- 放在第 1 个分隔物左边的白色方框数量是元素♯1 的数量，
- 放在第 1 个和第 2 个分隔物之间的白色方框数量是元素♯2 的数量，

依此类推，直到

- 放在第 $(n-2)$ 和 $(n-1)$ 个分隔物之间的白色方框数量是元素 $\sharp(n-1)$ 的数量，
- 方框图最后，即第 $(n-1)$ 个分隔物右边的白色方框数量是元素 $\sharp n$ 的数量.

如示例所示，我们看到在图形解法中，在对象集合与含有 k 个白色方框、$n-1$ 个灰色方框的方框图之间建立起对应关系，且每个集合都对应一个方框图，反之亦然.而这样的方框图数量我们已知，就是 k 个白色方框在 $n+k-1$ 个位置中可能出现的方案数.换言之，我们的结论是：

> 从 n 元对象池中允许重复地选出一个 k 元对象集合，这样的集合个数为
> $$\binom{n+k-1}{k} = \frac{(n+k-1)!}{k!(n-1)!}$$

现在，不管是否允许重复选取，我们都知道如何对从公共对象池中选出的对象序列和对象集合进行计数.特别地，我们还可以完善 4.5 节中介绍的表，如表 7-2 所示.

表　7-2

	允许重复	不允许重复
序列	n^k	$\dfrac{n!}{(n-k)!}$
集合	$\dbinom{n+k-1}{k}$	$\dbinom{n}{k}$

习题 7.1.1 一次性做完这些题：在本节一开始的水果示例中，计算包含以下各项的选择数：

1. 5 种不同的水果，

2. 1 种水果 2 份，余下 7 种中确定 1 种各取 1 份，

3. 2 种水果各 2 份，余下 7 种中确定 3 种各取 1 份，

4. 1 种水果 3 份，余下 7 种中确定 2 种水果各取 1 份，

5. 1 种水果 3 份，余下 7 种中确定 1 种取 2 份，

6. 1 种水果 4 份，余下 7 种中确定 1 种取 1 份，

7. 同一种水果取 5 份．

将其求和，结果是否与文中得到的答案一致？（如果不是，请再次计算此问题．）

习题 7.1.2 再次假设你是 Widget 跨国公司的首席经销商．Widget 跨国公司拥有 1 个中央小部件生产工厂和 5 个配送中心．

假设中央工厂刚刚生产了 12 箱小部件，你的工作是将 12 箱小部件分别分配给各配送中心，有多少种分配方式？

习题 7.1.3 在拼字游戏中，1 个字卡尺表示 7 个字母的集合，顺序无关紧要且允许重复．请问可能有多少个不同的字卡尺？（为了保证问题的可计算性，假设每个字母都至少有 7 个，虽然实际情况并非如此）

习题 7.1.4 一家公司想要向 13 家供应商下达 8 个小部件订单．

1. 如果一家供应商至多给一个订单，有多少种下单的方式？

2. 如果可以给任意供应商任意数量的订单，有多少种下单的方式？

3. 所有供应商中，7 家在州内，6 家在州外，如果一家供应商至多给一个订单，且必须在本州至少下 6 个订单，有多少种下单的方式？

习题 7.1.5　同时抛掷 7 个相同的骰子，可能有多少种不同的结果？（例如，一个可能的结果是 3 个 2、1 个 6、1 个 5 和 2 个 1.）

7.2　卡塔兰数

让我们从一个听起来很奇怪的问题开始：在确保每个左括号和每个右括号都成对出现的前提下，一个句子中的括号集合可以有多少种呈现方式？例如，假设一个句子正好有一对括号，忽略括号外句子余下的文字部分，毫无疑问，括号必须以"()"的顺序出现.

不过，现在我们假设一个句子中有两对括号，它们可能是分开的，就像

$$()()$$

也有可能是一对包含另一对，就像

$$(())$$

这是仅有的可能，因此一个句子中的两对括号有两种呈现方式.

那么如果有三对括号呢？此时，你应该停止阅读，自己想办法计算出三对括号对应的结果，我们稍后会告诉你答案.

问题的答案是，一个句子中的三对括号可能会有 5 种呈现方式：

$$()()(), ()(()), (())(), (()()), ((()))$$

当然，这里讨论的是数学，而非文学创作．平时你不会发现太多三对括号以第二种方式呈现的句子（至少在非技术性写作是这样的）（如果这样做的话，句子（可能）会相当复杂）．

对于 4 对括号的情形，它们在句子中有 14 种呈现方式：

$$(((()))), ((()())), ((())()), ((()))(), (()(())), (()()()), ()(()),$$
$$()(())(), (())()(), ()((())), ()(()()), ()()(()), ()()()()$$

一般来说，我们想知道：如果一个句子中有 n 对括号，那么它们有多少种呈现方式呢？这个结果被称之为第 n 个卡塔兰数，记作 c_n．按照惯例，我们约定第 0 个卡塔兰数 c_0 的值为 1．于是可以得到

$$c_0 = 1$$
$$c_1 = 1$$
$$c_2 = 2$$
$$c_3 = 5$$
$$c_4 = 14$$

接下来的卡塔兰数依次为

$$c_5 = 42$$
$$c_6 = 132$$
$$c_7 = 429$$

卡塔兰数是一个迷人的数列，出现在各种各样的计数问题中．（它是 19 世纪比利时数学家欧仁·卡塔兰（Eugène Catalan）在计算将 n 边形分解为三角形的方法数时发现的，因而得名卡塔兰数，而那个三角形问题我们将在习题 7.2.1 中进行探讨．）在本章的余下部分，我们主要探讨一对用于描述卡塔兰数的公式，并提出一

些方法．第一个称为递归公式，即用所有已知的卡塔兰数来表示未知的卡塔兰数．第二个是一个闭合公式（较难推导），它提供了一种直接计算任何卡塔兰数 c_n 的方法，即无须知道较早出现的卡塔兰数就可以应用它．

习题 7.2.1 按如下要求将成对顶点连接成线从而将正多边形三角化：

- 每条线都不交叉；
- 多边形最终的内部区域都是三角形．

有多少种分解方式（顶点有标记）？可以用多少种方式将正五边形三角化？可以用多少种方式将正六边形三角化？这与卡塔兰数有何关联？

7.3 递归关系

正如我们所说，卡塔兰数满足一种递归关系：如果已知之前出现过的所有卡塔兰数，那么有一个公式可以帮助我们计算出每一个卡塔兰数．这种关系非常直观，我们从括号示例中对卡塔兰数的描述说起．

要想推导出这一递归公式，我们先回顾 4 对括号可能出现的 14 种呈现方式．不过，这一次我们试试看能否系统地列出这些呈现方式．当然，任何这样的序列都必须以左括号开头，关键是要找出它和哪一个右括号配对，即要找出终止其所引插入语的右括号在句子中的位置．例如，一种可能是配对的右括号紧随其后，换句话说，句子中第二个符号就是右括号，即立即终止其所引插

入语．接下来对余下三对括号进行简单排列，整个句子会呈现为

$$\big(\ \big)\quad \{3\ 对括号\}$$

这样的句子数刚好就是三对括号的排列数，即 $c_3 = 5$. 具体来说，就是

$$()\,()()(),\ ()\,()(()),\ ()\,(())(),\ ()\,(()()),\ ()\,((()))$$

接下来，在首个左括号及其配对右括号之间恰有一对括号，之后对余下两对括号进行简单排列，如下所示：

$$\Big(\{1\ 对括号\}\Big)\{2\ 对括号\}$$

现在，要在首个左括号及其配对右括号之间对一对括号进行排列只有一种方式，但对最后两对括号有 $c_2 = 2$ 种排列方式，故此时共有 2 种这样的句子，具体来说，就是

$$\Big(()\Big)()()\quad 和\quad \Big(()\Big)(())$$

第三种可能是在首个左括号及其配对右括号之间恰有两对括号，配对完毕后余下一对括号，如下所示：

$$\Big(\{2\ 对括号\}\Big)\ \{1\ 对括号\}$$

如上所述，在首个左括号及其配对右括号后只对一对括号进行排列仅有一种选择，但若有两对括号嵌套其中，则有 $c_2 = 2$ 种选择，故此时共有 2 种这样的句子，具体来说，就是

$$\Big(()()\Big)()\quad 和\quad \Big((())\Big)()$$

最后一种可能是句子首个左括号的配对括号正好是最后一个右括号，换言之，整个句子是一对括号中插入语的一部分，如下所示：

$$\Big(\{3\ 对括号\}\Big)$$

这样的句子有 $c_3 = 5$ 个，与中间三对括号的排列相对应，具体来说，就是

$$\big((\bigcirc\bigcirc\bigcirc)\big), \big((\bigcirc(\bigcirc))\big), \big(((\bigcirc)\bigcirc)\big), \big(((\bigcirc\bigcirc))\big), \big((((\bigcirc)))\big)$$

将所有可能出现的句子计数求和，可以得到 $c_4 = 5 + 2 + 2 + 5 = 14$.

我们可以用相同的方法来计算任意的卡塔兰数 c_n，如果已知 c_n 之前的所有卡塔兰数. 其实我们基本上可以照搬求解 c_4 时所用到的方法：根据首个左括号的配对括号出现的位置分解所有可能的句子，即看它们之间出现多少对括号. 换言之，对任意 $i(i=0, 1,\cdots,n-1)$，每个句子的 n 对括号都可以表示为

$$\big(\{i\text{ 对括号}\}\big)\{n-i-1\text{ 对括号}\}$$

为了确定这种形式的句子，我们必须从 c_i 种方式中选择一种来对嵌套在首个左括号及其配对右括号内的 i 对括号进行排列，接下来从 c_{n-i-1} 种方式中选择一种来对余下的括号进行排列. 因此，这样的句子共 $c_i \cdot c_{n-i-1}$ 种，从而有递归公式

> 若已知第 n 个卡塔兰数前出现过的所有卡塔兰数，c_n 便可借助以下公式计算得到：
> $$c_n = c_0 c_{n-1} + c_1 c_{n-2} + c_2 c_{n-3} + \cdots + c_{n-2} c_1 + c_{n-1} c_0$$

换言之，假设能够写出从 c_0 到 c_{n-1} 的所有卡塔兰数，例如 $n=5$，那么该序列（卡塔兰数）就是

$$1, \quad 1, \quad 2, \quad 5, \quad 14$$

现将该序列逆序：

$$1,\quad 1,\quad 2,\quad 5,\quad 14$$

$$14,\quad 5,\quad 2,\quad 1,\quad 1$$

然后将同位置数字对应相乘，可以得到

$$14,\quad 5,\quad 4,\quad 5,\quad 14$$

再将所有数字进行求和：

$$14 + 5 + 4 + 5 + 14 = 42$$

这个结果就是下一个卡塔兰数，即 $c_5 = 42$. 不得不承认，这种计算方式比罗列出 42 种排列方式要简单得多.

习题 7.3.1 检验递归公式对从 c_1 开始的前 4 个卡塔兰数是否满足，并用它计算下一个卡塔兰数 c_6.

7.4 另一种解释

本节将探讨卡塔兰数另一种有趣的解释. 记得我们第一次引入二项式系数时，描述的二项式系数 $\binom{k+l}{k}$ 表示在一个 $k \times l$ 的网格中从左下角到右上角的可能路径数，其中每个交汇处的路径只能向上（向北）或向右（向东）. 之所以能这么表示，是因为我们用这样一条路径来表示一个含有 k 个字母 N 和 l 个字母 E 的字母序列，例如

$$\text{E N E E N E N}$$

这个序列可以与方向进行对应，相当于"向右，然后向上，向右，向右，向上，向右，最后向上"，或者可以表示为图 7-1 所示的路径.

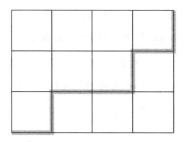

图 7-1

现在想象一个句子中有 4 对括号，假定是（（）（）（））．假设我们用 N 替代左括号，用 E 替代右括号，那么这 4 对括号可以表示成一个字母序列：

N N E N E N E E

它对应于 4×4 网格中的一条路径，如图 7-2 所示．

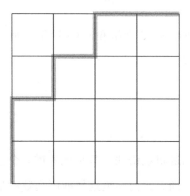

图 7-2

但是，这些方向对应于括号的"语法"顺序意味着什么呢？仔细想想，这意味着每一个右括号出现前必须先出现与之对应的左括号，即在句子中至少要保证左括号数不少于右括号数．就与序列相对应的路径而言,这意味着每个阶段向北走的次数至少不少于向东走的次数.换言之,路径必须保持在对角线上,尽管可以与其相交.因此,我们可以说第 n 个卡塔兰数 c_n 是从 $n \times n$ 的上三角形的左下角到右上角的路径数.例如,通过图 7-3 所示网格的路径数就是第 6 个卡塔兰数 c_6.

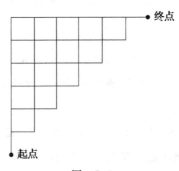

图 7-3

习题 7.4.1 分别在 3×3 网格和 4×4 网格中画出 $c_3 = 5$ 和 $c_4 = 14$ 可能的路径.

7.5 闭合公式

这次不再考虑逻辑或语法,只单纯考虑 n 个左括号和 n 个右括号可能形成多少序列.我们知道这样的序列数就是将 n 个左括号放在 $2n$ 个括号中的方式数.换言之,它等于二项式系数 $\binom{2n}{n}$.所以可以将这个问题转换为:在 n 个左括号和 n 个右括号可能形成的序列中,多大比例是符合语法逻辑的?这为我们提供了一个思路:

将卡塔兰数 1，1，2，5，14，42，…与对应的二项式系数进行比较，看看它们的比值是否有规律可循．结果如表 7-3 所示．

表 7-3

n	c_n	$\dbinom{2n}{n}$	比值
0	1	1	1 : 1
1	1	2	1 : 2
2	2	6	1 : 3
3	5	20	1 : 4
4	14	70	1 : 5
5	42	252	1 : 6

表 7-3 中可以清晰地看出二者比值的变化规律，故我们很自然地会思考第 n 个卡塔兰数 c_n 与二项式系数是否遵循下面的公式．

第 n 个卡塔兰数 c_n 可以用以下公式进行计算：

$$c_n = \frac{1}{n+1} \binom{2n}{n}$$

是这样的吗？（验证一下习题 7.3.1 中求得的第 6 个卡塔兰数是否也满足此公式．）事实上，这个公式一般来说是成立的，之后我们会知晓原因．不过，在介绍其成立的原因前，你应该先独立进行思考：这个公式为什么成立？其实这是一个有趣的问题．

这个公式也可以换一种表述：$n \times n$ 网格从左下角到右上角的 $\dbinom{2n}{n}$ 条路径里，始终保持在对角线上方的路径只占其中的 $\dfrac{1}{n+1}$．如果你能思考到这些，就可以解决下面这个问题：

习题 7.5.1 假设 20 个人到当地剧院观看 5 美元的日场. 假设 10 个人正好有零钱, 而另外 10 个人只有 10 美元因而需要零钱. 遗憾的是, 在这个特殊的日子, 收银员忘了在银行换取零钱, 因而他最开始也没有零钱. 请问他在不花光所有零钱的前提下, 能将 20 张电影票全部售出的概率有多大?

7.6 相关推导

在介绍完如何从头开始计算卡塔兰数后, 本章 (同时也是本书第一部分) 便就此结束. 相比 7.1 节我们推导的含有重复项集合的计算公式, 这次推导要复杂得多 (至少不那么直接). 和 7.1 节的推导一样, 本节的讨论根本上也依赖于被计数对象的图形表示.

首先, 我们将卡塔兰数和二项式系数都看成通过网格的路径. 例如, 假设我们要关注矩形网格上起点以北 5 个方块、以东 5 个方块的路径, 即图 7-4 中两个标记点之间. (为了方便观察, 这里实际上放大了网格, 但仍然只对两个标记点之间的路径感兴趣.)

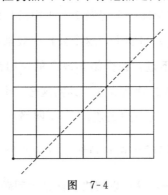

图 7-4

这样的路径共有 $\binom{10}{5}=252$ 条, 而卡塔兰数 $c_5=42$, 如之前所述, 代表与虚线不相交或不穿过虚线的路径数. 那么如何计算这些路径的数量呢? 首先, 在第一步中可以运用减法原理, 即满足条件的路径数等于 $\binom{10}{5}$ 减去与虚线相交或者穿过虚线的路径数.

好吧, 这似乎没有让我们距离结果更近多少; 但计算与虚线相交的路径数似乎比计算与虚线不相交的路径数要容易一些. 这一点至少确实是成立的, 如果我们足够聪明的话. 这里有个诀窍——对于任意一条与虚线相交的路径, 考虑其第一个交点, 根据它将路径分成两部分: 从起点到第一个交点为第一部分, 从第一个交点到终点为第二部分, 我们将第二段路径用其关于虚线的反射部分来替代. 为了描述得更加直观, 我们想象成将整个平面绕虚线旋转 $180°$, 然后仅保留旋转后的第二段路径 (第一段路径不变). 例如, 如果从图 7-5 所示的这条路径开始.

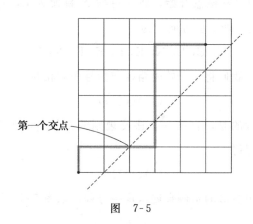

图　7-5

并将第一个交点后的路径沿虚线翻折，得到的路径如图 7-6 所示.

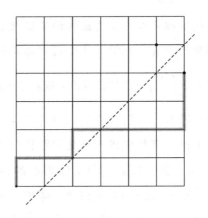

图 7-6

在这个示例中，这条路径对应着这样一组方向：

N, E, E, E, N, N, N, N, E, E

我们所做的就是在路径首次与虚线相交后（即在最初的"N，E，E"之后），从该点开始，将所有的 N 替换为 E，将 E 替换为 N，直到终点，即对应方向变为

N, E, E, N, E, E, E, E, N, N

换言之，我们将一开始的路径与括号序列相对应，可得

())))((((()

我们要做的是，自第一个违反规则的括号后，改变每一个括号的方向，即得

())()))((

下面将用更多的示例来展示这一过程，如图 7-7 所示.

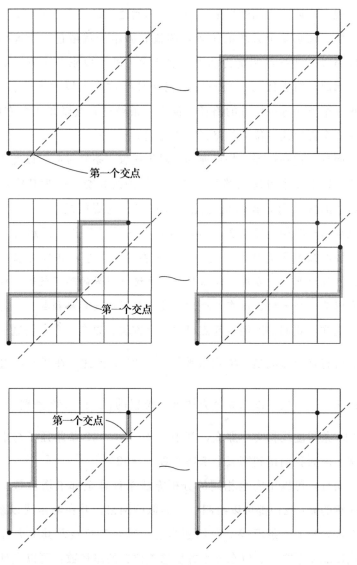

图　7-7

现在，请注意此过程中的一点．原始路径的终点在起点以北 5 个方块、以东 5 个方块的位置，调整后的路径就是它关于虚线的镜像路径，即终点调整为起点以北 4 个方块、以东 6 个方块的位置．因此，对于任何一条与虚线相交且经过起点以北 5 个方块、以东 5 个方块这一位置的路径，都有一条经过起点以北 4 个方块、以东 6 个方块这一位置的路径与之对应．

而且，这一过程总是可逆的．对于任意一条经过起点以北 4 个方块、以东 6 个方块的路径，它一定与虚线相交，因为其终点位于虚线的另一侧．我们把注意力放在路径与虚线的第一个交点，在该点断开路径，然后关于虚线对路径的后半部分进行翻折．因此，我们知道两类路径之间一定存在着对应关系，并且可以总结出：经过以北 5 个方块、以东 5 个方块这一位置的路径数等于经过起点以北 4 个方块、以东 6 个方块这一位置的全部路径数．

这样，我们知道经过起点以北 4 个方块、以东 6 个方块这一位置的所有路径数就是二项式系数 $\binom{10}{4} = 210$．因此，在所有经过起点以北 5 个方块、以东 5 个方块这一位置的 $\binom{10}{5} = 252$ 条路径中，有 210 条与虚线相交．那么，其中 $252 - 210 = 42$ 条路径不与虚线相交，因而我们得到第五个卡塔兰数 $c_5 = 42$．

而且，可以用完全相同的分析方法来计算全部卡塔兰数！对于任意的 n，我们都可以绘制一个类似的网格，并在对角线以东 1 个方块处画上一条虚线．我们还是想计算在对角线及其上方经过起点以北 n 个方块、以东 n 个方块这一位置的路径数：可以先计算出在对角线以下（即与虚线相交）的路径数，再由经过起点以北 n

个方块、以东 n 个方块的总路径数减去该值. 最后，要计算经过起点以北 n 个方块、以东 n 个方块这一位置且与虚线相交、同时在第一个交点将路径一分为二并把第二段路径关于虚线翻折的路径数. 同样，我们可以看出经过起点以北 n 个方块、以东 n 个方块这一位置且与虚线相交的路径数等于经过起点以北 $n-1$ 个方块、以东 $n+1$ 个方块这一位置的路径数.

也就是说，卡塔兰数 c_n——在对角线及其上方经过起点以北 n 个方块、以东 n 个方块这一位置的路径数——是经过起点以北 n 个方块、以东 n 个方块的路径总数 $\dbinom{2n}{n}$ 减去与虚线相交的路径数 $\dbinom{2n}{n-1}$，因此得到公式

$$c_n = \binom{2n}{n} - \binom{2n}{n-1}$$

余下的全部内容就是利用这两项的公因式对结果进行整理. 现在继续：我们看到

$$c_n = \binom{2n}{n} - \binom{2n}{n-1}$$

表示成阶乘形式，

$$= \frac{(2n)!}{n!\,n!} - \frac{(2n)!}{(n+1)!\,(n-1)!}$$

通分，对分式稍做变形，

$$= (n+1)\,\frac{(2n)!}{n!\,(n+1)!} - n \cdot \frac{(2n)!}{n!\,(n+1)!}$$

合并同类项，

$$= \frac{(2n)!}{n!\,(n+1)!}$$

将分母中 $(n+1)!$ 写成 $(n+1) \cdot n!$，便有表达式

$$= \frac{1}{n+1} \frac{(2n)!}{n!n!}$$

也可写成

$$= \frac{1}{n+1} \binom{2n}{n}$$

至此，我们就完成了整个公式的推导．公式证明完，也就意味着本章临近尾声．

习题 7.6.1 用本节的闭合公式计算第 8、9、10 个卡塔兰数．

7.7 为何要做这些事

这些东西有什么实用价值呢？这肯定是现在要讨论的问题，我们（和大多数数学书籍的作者一样）都非常清楚这一点．我们要求你花费相当多的时间和精力去探索一个深奥无比的世界．你能收获到什么？我们究竟为何要做这些事？

针对此类问题，这里有许多传统意义上的答案．

答案 1：为了计算概率．在 7.5 节中，我们看到如何使用计数技巧来解决概率问题．这难道不应该值得去探讨吗？

虽说值得，却不尽然．的确，7.5 节介绍的计数方法是概率论的基石．但是在现实生活中，至少在你接触到更高级的方法前，其实际效用十分有限．让我们看这样一个例子：打牌时，对家看样子是手握葫芦来对付你的同花顺，当你决定是否要叫牌时，就算知道概率也不会影响你的决策．但真正的问题通常在于，她身

体微小的晃动是有意的还是无意的？

答案 2：协助决策．显然，知道用 4 件衬衫和 3 条裤子可以搭配出多少套衣服并不能真正帮你决定穿什么．不过在其他情况下——例如，在本章一开始将小部件分发到各个配送站的例子——知道有多少种可能的方案将会影响你所做的决定．例如，它能表明单独分析每个可能的选择是否可行，或者是否需要启用其他方法．

这听起来可能比第一个答案要更牵强，不过它至少是有效的．但是其效用依然有限：只有在相对罕见的情况下，这种计算才有实用价值．

答案 3：因为数学似乎总有用武之地，即使你一开始并不知道它们所言何物．

实际上，这是截至目前最好的解释．令人惊讶的是，即使是最抽象的数学，其与现实世界的关联性也远远超出人们预期．但说真的，如果学习这些内容本身并没有给你带来一点收获，那么在将来某个时间点你遇到可以用到它的某些未知应用时，它也不会成为你解决问题的助推剂．

但是，如果要我们委实说来，真正的答案大概就是：

答案 4：仅仅是因为数学本身足够迷人．

当你专注于数学时，会发现它并非为了得到具体的回报而学习的东西：你学习数学仅是因为它太过有趣．数学之美可能不像音乐、艺术或文学的美那么直接，但它确实存在．事实证明，对于许多人（包括我们三个作者）来说，这已经是足够的动力，让我们想要把有限的生命投入到对数学世界的无限探索中．或许你有足够的动力和我们一起继续这段旅程？

第二部分

概　　率

第 8 章

期　望　值

至此，关于概率的讨论还是非常初级的．考虑诸如多次掷硬币（骰子）或发牌这种具有多种可能发生结果的随机试验．我们把这样的随机试验所有可能发生的结果分成两类，分别称为"有利的"事件和"不利的"事件．那么我们的问题是："有利的"事件发生的概率有多大？假设随机试验所有可能发生的结果的出现是等概率的，即如第 5 章所讨论的"机会博弈"的情形，这个概率恰好等于"有利的"事件中结果的个数除以所有可能发生的结果的个数．这里使用"有利的"这个词也许会产生误解．例如，当我们问：掷 6 个硬币恰好出现 3 个"正面"的概率有多大？我们并不想对"正面"或"反面"的出现具有某种倾向性，唯一的目标是想知道其概率的大小．

上面的随机试验是概率论中常见的模型．然而，我们需要进一步拓展它以扩大其应用范围．首先，大多数随机试验都具有多于两种可能发生的结果，每一个结果往往对应着一个相应的"特征值"．例如：在吃角子老虎机或彩票游戏中发生的不同类型的结果对应着不同的"收益". 此时,需要能够评估一个赌注的总价值,即如果反复玩这样的游戏,平均每次会赢得多少收益. 这便是本章中引入的期望值的概念,我们将在本章给予解释.

8.1 幸运游戏

我们将嘉年华中经典掷三骰子游戏（幸运游戏）的一些变形作为例子来引入期望值的概念. 传统的掷三骰子游戏是比较简单的. 首先,你需要付 1 美元开始玩一局. 接着,你可以掷 3 个骰子,如果结果中至少有一个骰子是 6 点,那么你将得到 2 美元,此时你的净收益为 1 美元;如果结果中没有骰子是 6 点,你不会得到任何收益,这样你的净收益为 −1 美元. 很大程度上,提议下注的人都是希望你的直觉是这样的:"好吧,如果我掷一个骰子,那么出现结果为 6 点的概率将是 1/6. 于是,如果我掷 3 个骰子,那么至少出现一个 6 点的概率将是 1/2,因此这是一个公平的游戏".

然而事实并非如此. 在 5.2 节,我们已经计算出掷 3 个骰子这个随机试验所有可能的结果的个数（即 3 个 1～6 之间的数字排列的所有可能序列的数目）为 $6^3 = 216$. 为了计算结果为至少有一个骰子是 6 点的真实概率,得知道 3 个 1～6 之间的数字排列的所有至少包含一个数字 6 的序列个数. 为此,我们通过减法原理来计算:不包含数字 6 的序列就是 3 个 1～5 之间的数字排列成的序列,它们共有 $5^3 = 125$ 个,于是有 $216 − 125 = 91$ 个至少包含一个数字 6 的序列.

于是,在掷三骰子游戏中赢得 2 美元的概率是 91/216,大约为 42%. 这对商家来说是一个相当大的利润空间，这也是为什么商家能够负担得起为吸引你而用于新的掷三骰子游戏的改进所付的多余成本. 下面将要看到改进的掷三骰子游戏，然而更重要的是，如何确定它对你来说是否是一个好的赌局（剧透提示：没有以掷三骰子命名的游戏对你来说是一个好的赌局）.

对于改进版的掷三骰子游戏，你仍然需要付 1 美元开始玩一局. 接着，你还是掷 3 个骰子，如果结果中没有骰子是 6 点，你什么也得不到，所以实际上你损失了 1 美元. 如果结果中至少有一个骰子是 6 点，那么你将得到 2 美元. 但是如果结果中 3 个骰子都是6 点，你还将额外得到 25 美元的大奖. 问题是，值当玩此游戏吗？例如，像以前一样 1 美元玩一局，这是否代表一个好的赌局？

为了回答这个问题，我们引入一个新的概念，即一个游戏或赌局的期望值. 对于改进版的掷三骰子游戏，为了解释这个概念，假设我们已经付了 1 美元开始玩一局，那么可能会出现下面 3种情形：

- 3 个 6 点，于是你将得到 2 美元＋25 美元＝27 美元；
- 1 个或 2 个 6 点，于是你将得到 2 美元；
- 3 个都不是 6 点，于是你什么也得不到.

这些结果发生的可能性有多大？我们知道如何计算这些概率：例如，上面的第一个情形——3 个 6 点——在所有可能发生的 $6^3＝$216 个结果中只会出现一次. 由于对应于这个结果的收益是 27 美元，因此你关于单独这次赌局的平均收益为

$$\frac{1}{216} \times \$27 \approx \$0.125$$

出现 1 个或 2 个 6 点的情况的概率是多少呢？事实上，我们已经知道包含至少 1 个 6 点的所有可能结果的数目为 91，除去同时出现 3 个 6 点的 1 个结果，我们得到出现 1 个或 2 个 6 点的结果的实际数目为 90. 也就是说，如果你玩 216 局，期望收到 2 美元奖励的次数将为 90 次，平均一下，你关于单独这次赌局的收益为

$$\frac{90}{216} \times \$2 \approx \$0.833$$

（一如往常，有一个常见的告诫：如果你玩 216 局，并不能保证实际上掷出 3 个 6 点仅仅为 1 次，掷出一个或两个 6 点正好为 90 次. 大数定律所说的是：如果继续游戏，随着赌局次数的增加，掷出 3 个 6 点的次数关于总次数的比例会趋于 1/216；掷出 1 个或 2 个 6 点的次数关于总次数的比例会趋于 90/216）.

无论如何，把上面情况的平均收益相加即得到玩一局的收益：

$$\frac{1}{216} \times \$27 + \frac{90}{216} \times \$2 \approx \$0.958$$

或大约为 96 美分. 那么底线是，这个游戏玩一次只值 96 美分. 每次支付 1 美元意味着从长远角度来看你是受损失的. 但是，例如，如果嘉年华以 9 美元的价格提供 10 张门票的特价套餐. 也就是，你只需付 9 美元就可以玩 10 次，即每玩一局你只需花 90 美分，那么这种情况实际上会对你有利.

每局的平均收益为 207/216 美元，或粗略为 96 美分，被称为这个游戏或赌局的期望值. 我们将在 8.3 节更加正式地定义这个概念，但目前，先牢记以下结论：

> 一个游戏或赌局的期望值等于其平均收益.

为了掌握这个窍门，让我们再尝试计算掷三骰子游戏的另一个变形——超级幸运游戏（Mega-Chuck-A-Luck）的**期望值**. 在超级幸运游戏中，你可以掷 5 个骰子，不同的掷出结果对应的收益如下：

- 如果掷出 3 个同类，即 5 个骰子中有 3 个点数相同，但不必都是 6 点，你会得到 3 美元；
- 如果掷出 4 个同类，你会得到 10 美元；
- 如果掷出 5 个同类，即 5 个骰子点数都相同，你将要吹起喇叭，抛五彩纸屑，因为你会收到一个 100 美元的大奖.

问题是，当你放下喇叭和五彩纸屑，这个超级幸运游戏的期望值是多少？也就是说，玩一局游戏你能得到的平均收益是多少？相应地，你实际付多少钱玩这局游戏是值得的？一如往常，在我们开始实际计算之前，你自己需要考虑一下：票价是 3 美元、2 美元还是 1 美元这个赌局是对你有利的？

像前面一样，我们首先得计算出上面出现的三种情形所发生的概率. 从最简单的开始：得到 5 个同类的概率是多少？

好吧，首先，掷 5 个骰子共有 $6^5 = 7776$ 个可能出现的结果，即为 5 个 1～6 之间的数字排成的序列的总数目. 在这些结果中，5 个骰子出现相同点数的情况仅有 6 个，于是得到 5 个同类的概率是

$$\frac{6}{7776} = \frac{1}{1296} \approx 0.000\ 716$$

接下来，在这 7776 个可能发生的结果中，有多少恰好是 4 个同类？为了计算这个数目，我们使用乘法原理. 重复出现 4 次的数字可以是 1～6 之间的任意一个数字，因此有 6 种选择；出现的另

一个数字（请记住，在这项统计中没有包括 5 个同类的结果）是 1～6 之间的任意 5 个数字中的任意一个数字，因此有 5 种选择；最后，这个数字可以出现在 5 个数字长度序列中的任意一个位置，因此仍然有 5 种选择．于是，掷 5 个骰子，能掷出只有 4 个同类的结果的数目为 $6 \times 5 \times 5 = 150$，所以掷出只有 4 个同类的概率为

$$\frac{150}{7776} \approx 0.019\,29$$

大约为 1/50.

最后，可以相似地计算掷出 3 个同类的概率：重复出现 3 次的数字可以是 1～6 之间的任意一个数字，因此有 6 种选择（请注意，这是明确的——不能有两个不同的数字在 5 次投掷中每个出现 3 次）；这个数字出现在 5 个数字长度序列中的位置的选择个数为

$$\binom{5}{3} = 10$$

而剩余两个数字可以是 1～6 之间任意 5 个其他数字中的任意两个数字，因此有 $5 \times 5 = 25$ 种选择，于是掷出 3 个同类的可能性共有 $6 \times 10 \times 25 = 1500$ 种，则其发生的概率为

$$\frac{1500}{7776} \approx 0.1929$$

接下来，如下计算超级幸运游戏的期望值：

- 在 7776 种结果中，你有 6 次会获得 100 美元大奖，于是每局平均得到

$$\frac{6}{7776} \times 100 = \frac{600}{7776} \approx 0.0716 \text{ 美元}$$

关于单独这次赌局你得到 $\frac{600}{7776}$ 美元，或大约每局 7 美分．

- 在 7776 种结果中，你有 150 次会获得 10 美元，于是关于单独这次赌局你得到的平均收益为

$$\frac{150}{7776} \times 10 = \frac{1500}{7776} \approx 0.1929 \text{ 美元}$$

或每局大约 19 美分．

- 最后，在 7776 种结果中，你有 1500 次会得到 3 美元，于是每局平均得到

$$\frac{1500}{7776} \times 3 = \frac{4500}{7776} \approx 0.5787 \text{ 美元}$$

或每局大约 58 美分．

于是，一局超级幸运游戏的期望值就是

$$\frac{6}{7776} \times 100 + \frac{150}{7776} \times 10 + \frac{1500}{7776} \times 3$$

$$= \frac{6660}{7776} \approx 0.8487 \text{ 美元}$$

或每局大约 85 美分．也就是说，如果票价是 1 美元的话，这是一个可怕的赌注．

如果暂时从概率论转向心理学，那么应该指出，这种收益设计方案是典型的赌博游戏：高回报小概率发生的事件往往能受到关注（你可以在摊位旁的标志下面下赌注并高呼"快来玩超级幸运游戏赢得 100 美元大奖！"而不是高喊"快来玩超级幸运游戏，你极有可能赢得 3 美元！"）．许多投注者倾向于把注意力集中在它们身上，但在另一端的回报通常更重要．为了说明这一点，考虑下面的例子：

问题 8.1.1 在超级幸运游戏中，让我们考虑两种方式来增加收益．

- 假设我们给 100 美元大奖加点甜头（5 个同类），使奖金增加到 250 美元而不是以前的 100 美元．那么现在的期望值是多少？花 1 美元值得玩一局吗？

- 另外一方面，如果 4 个同类的 10 美元和 5 个同类的 100 美元的奖金不变，假设我们把 3 个同类的以前 3 美元的奖金提高到 4 美元．还是同样的问题，现在的期望值是多少？

解　我们已经知道了相关结果类（3 个同类、4 个同类、5 个同类）发生的概率，那么问题就变得非常简单了．对于第一个问题，只需将以前计算中的 100 用 250 来取代，于是这一版本的超级幸运游戏的期望值为

$$\frac{6}{7776} \times 250 + \frac{150}{7776} \times 10 + \frac{1500}{7776} \times 3$$

$$= \frac{6600}{7776}$$

$$= 0.179 + 0.1929 + 0.5787$$

$$\approx 0.9506$$

相似地，对于第二个问题，只需将 3 个同类的收益改为 4 美元，于是这一版本的超级幸运游戏的期望值为

$$\frac{6}{7776} \times 100 + \frac{150}{7776} \times 10 + \frac{1500}{7776} \times 4$$

$$= \frac{6600}{7776}$$

$$= 0.0716 + 0.1929 + 0.7716$$

$$\approx 1.036$$

对于第二种变形，虽然不是那么华丽，但对我们来说要有利

得多.

我们学到了什么? 根据期望值来重新表述我们的分析(而不是在经典掷三骰子游戏时仅用输赢概率来分析)给了我们以下两点帮助:

- 期望值能使我们分析比以前更广泛的游戏: 现在可以分析具有多类结果和相应的许多可能结果的游戏.
- 期望值能定量地确定一局游戏的价值. 当游戏门票价格发生变化时, 我们以此可以决定是否值得去玩一局, 比如嘉年华推出 9 美元玩 10 局的优惠套餐的例子.

下面将看到许多可以用期望值来分析的其他游戏的例子. 和上面一样, 我们主要是在赌博游戏的背景下讨论期望值的概念. 因为在这种人为设计下, 可以精确地计算各种事件发生的概率. 但这仍是一个具有非常广泛适用性的想法, 我们将在下面加以说明.

习题 8.1.2　假设一个嘉年华在卖门票, 每一张门票都允许你玩一次超级幸运游戏. 正如我们前面计算得到的, 如果每张门票的价格是 1 美元, 那么这不是一个对你有利的赌局, 然而如果他们提供 9 美元 10 张门票的优惠套餐, 这个游戏将会对你有利.

1. 假设嘉年华提供 24 美元 25 张门票的优惠套餐, 你会购买吗?

2. 对你来说, 19 美元 20 张门票的优惠套餐又会如何呢?

习题 8.1.3　在他们没完没了地从你钱包里掏钱的时候, 嘉年华运营商推出了一款新游戏——超级巨无霸幸运游戏！在这里，你可以掷 7 个骰子，奖金如下：

- 如果掷出 5 个同类，你将得到奖金 50 美元；
- 如果掷出 6 个同类，你将得到奖金 500 美元；
- 如果掷出 7 个同类，你将得到 5000 美元的超级大奖.

那么这个超级巨无霸幸运游戏的期望值是多少？

我们保证这是最后一次以任何形式提到幸运游戏. 不过，你可能会注意到，它与下面描述的彩票游戏有着明显的相似性. 至少，如果你想把你的州政府看成是一群肉食动物以外的东西，这是令人痛心的.

8.2 为什么要在赌博问题上花这么多时间

我们提到过可以应用期望值概念来分析赌博以外的情况. 下面是这样的一个例子：

问题 8.2.1 艾拉和他的朋友开车去看电影. 他们在距离电影院 1 英里（1 英里＝1609.344 米）的地方看到一个停车位. 如果他们把车停在那里，则要花 20 分钟走到电影院. 如果他们想找一个更近的停车位，将会遇到下面的情况：

- 他们将有 40％的概率找到一个距离电影院 0.5 英里的停车位，然后要花 10 分钟走到电影院；
- 他们将有 40％的概率不得不返回到初始的那个停车位；
- 他们将有 20％的概率回到初始的那个停车位，但停车位已经被占用，他们不得不把车停到距离电影院 1.5 英里的地方，并要花 30 分钟走到电影院．

　　艾拉计算出，如果他们真的想找一个更好的停车位，去剧院所需的平均时间不到 20 分钟，并建议他们这样做，他的朋友却不同意．那么到底谁是对的呢？

　　解　这个问题要求我们：如果他的朋友采纳了艾拉去找更好车位的建议，则计算出艾拉和他的朋友到达电影院时间的期望值，然后跟他们把车停在原停车位走路到电影院所需的 20 分钟进行比较．为此，我们假设艾拉和他的朋友有五次处于这种情况，每次都选择寻找更近的停车位．平均而言：

- 他们有两次找到了更好的停车位，然后花 10 分钟到达了电影院；
- 他们有两次回到原来的停车位，然后花 20 分钟到达了电影院；
- 他们有一次不得不把车停到距离电影院 1.5 英里的地方，并花 30 分钟到达了电影院．

他们到达电影院花费的总时间为

$$2 \times 10 + 2 \times 20 + 1 \times 30 = 90 \text{ 分钟}$$

平均每次花费 90/5＝18 分钟，艾拉是正确的！真的是这样吗？

　　现在也许是时候停下来问问自己上面的推导有什么问题．上面的停车问题恰好说明了期望值概念是如何在各种情况下得到应用的，这也说明了很多标榜这么操作的应用问题是错误的．准确地说：

- 寻找停车位仅仅有三种可能情形的设定显然是不对的；
- 我们可以给这些结果分配有意义的概率的想法也是不现

实的；

- 现实生活比这要更复杂：例如，我们并没有考虑到开车寻找更好停车位以及（可能）返回的时间．

- 你总是能量化所发生结果的想法是令人怀疑的．在此种情况下，如果电影在 22 分钟后开始放映，那么你在 1 英里外的停车位上停车可以保证你准时到达；找到一个更好的停车位只能保证你坐着挨到一堆广告播映结束．不过，如果电影在 12 分钟后开始，那么这种赌博可能更有意义．

坦率地说，许多旨在将期望值等概念应用于现实世界的问题都存在上述缺陷中的一个或多个，这也是为什么我们花这么多时间在赌博问题上：这些问题所有发生的结果至少是有限的，所发生的概率可以精确计算，输赢结果是可以适当量化的．

习题 8.2.2　设计一个你自己的"现实世界"期望值概念应用的问题，然后找一个朋友来评论你计算的期望值的适用性．例如，计算你到达下一次航班登机口所预期时间的风险是多少？你愿意用晚餐的钱玩一局期望值为正的赌场游戏吗？

8.3　什么是期望值

本节正式定义期望值概念，然后将讨论更多的例子．

首先，我们假设进行了一个只有两个可能发生结果的随机试验，将这两个结果分别记为结果 P 和结果 Q. 进一步，假设我们已知结果 P 发生的概率，记为 p，结果 Q 发生的概率记为 q．（数 p、q 分别表示当重复随机试验时结果 P 和结果 Q 发生的次数相对于重复试验总次数的比例. 特别地, 因为假设这两个结果都可能发生, 所以 $p+q=1$).

最后假设对每一个结果赋予一个"收益", 相对应于结果 P 和 Q 的"收益"分别记为 a 和 b (在赌博的情况下, 这是相关结果发生时赢得的钱的数量. 但一般来说, 这不一定代表钱, 也不一定 (尽管用了"收益"这个词) 是期望得到某些东西. 例如, 对于停车问题, 其代表到达电影院的时间). 在以上设定下, 我们定义这个随机试验的期望值为如下的求和:

$$\text{ev} = p \cdot a + q \cdot b$$

这个表达式的意义应该从我们已经给出的例子中清楚地看到. 如果进行 N (N 很大) 次随机试验, 那么我们期望结果 P 发生 pN 次, 这意味着这些结果的发生带来的总收益为 pNa. 类似地, 结果 Q 将要发生 qN 次, 其所带来的总收益为 qNb. 于是这 N 次实验所产生的总收益为 $pNa+qNb$, 那么该随机试验每次带来的平均收益为

$$\text{ev} = \frac{pNa + qNb}{N} = pa + qb$$

这也就是我们所说的期望值.

根据上面的分析, 我们很容易将其扩展到具有两个以上可能发生的结果的随机试验. 假设随机试验实际上有 k 个可能发生的结果, 记为 P_1, $\cdots$, P_k; 假设结果 P_i 发生的概率为 p_i, 相应的收益为 a_i. 在这种情况下, 定义这个随机试验的期望值为如下的求和:

$$\text{ev} = p_1 a_1 + p_2 a_2 + \cdots + p_k a_k$$

> 如果一个随机试验有 k 个可能发生的结果，发生的概率分别为 p_1，$\cdots$，p_k，相应的收益为 a_1，$\cdots$，a_k，那么这个随机试验的期望值为
>
> $$\mathrm{ev} = p_1 a_1 + p_2 a_2 + \cdots + p_k a_k$$

这给出了期望值的一般公式：

问题 8.3.1 假设你投掷一个骰子，得到的钱数与投掷骰子的点数相同，即如果你掷出 1 点，就会得到 1 美元，依此类推．那么其期望值是多少？

解 掷一个骰子这个随机试验共有 6 种可能发生的结果，每一个结果所发生的概率都是 1/6. 那么平均收益（也就是期望值）将是

$$\mathrm{ev} = \frac{1}{6} \cdot 1 + \frac{1}{6} \cdot 2 + \frac{1}{6} \cdot 3 + \frac{1}{6} \cdot 4 + \frac{1}{6} \cdot 5 + \frac{1}{6} \cdot 6$$

$$= \frac{21}{6}$$

$$= 3.5$$

这样，玩一局价值 3.5 美元．

习题 8.3.2 假设投掷两个骰子，得到的收益等于投掷的两个骰子点数之和，那么其期望值是多少？

习题 8.3.3 在一个彻底简化的扑克游戏中，你只得到两张牌．如果得到一对，也就是说，两张牌完全一样，你会得到 50 美元．如果得到一个"冲"，即两张牌是同花色，你会得到 10

美元．那么这个扑克游戏的期望值是多少？

8.4 制定策略

我们在前面已经提到过，赌博业[⊖]用来误导你关于一个赌局的实际期望值评估的一个技巧是把你的注意力集中在可能发生的小概率事件的高回报上．还有另一种标准的技术：有很多不同的场景，每个场景都有自己的概率和收益，以至于计算出的期望值变得令人畏惧．尤其是吃角子老虎机，一开始是相对简单的机械装置，后来演变成由电子设备驱动的极其复杂的机器．这里，我们的目的仅仅是说明期望值的概念，而不是传授给你如何玩老虎机的建议（如果你感兴趣的话，建议其实简单，但还是不听为好）．所以我们将介绍一个非常简化的类似于早期模型的一个老虎机版本．

这是一个基本的装置．我们考虑的老虎机有 3 个卷轴，每个卷轴上有 5 张图片：比如苹果、樱桃、柠檬、葡萄和一个铃铛．当拉动控制杆时，卷轴会旋转，每一个都会在 5 张照片中的一张上停止．假设（虽然我们注意到大多数老虎机并没有这样说）每卷上出现的图片是随机的，所有图片都是相同的，并且它们的出现是独立的，即第一卷上出现的图片不会影响第二卷上出现的图片．下面是相应的收益：

• 3 个铃铛支付 50 美元；

⊖ 抱歉，这应该是游戏娱乐业，美国博彩协会的网站向我们保证，它提供了当今最具活力和高回报的就业机会．

- 任何其他符号中的 3 个支付 10 美元；

- 2 个铃铛，再加上任意其他的图片，支付 2 美元.

那么其期望值是多少？如果花 1 美元玩一次，值得去尝试一次吗？

同样，第一步仍然是计算与每个发生结果相关的概率. 首先，一共有 125 种可能发生的结果，所有发生（据称）都等概率. 只有一种可能可以得到 3 个铃铛，所以发生的概率只有 1/125. 类似地，只有一种可能可以得到任何五张图片中的 3 张，所以从其他 4 张图片中得到 3 张图片的概率是 4/125.

至于得到 2 个铃铛和另一张图片的概率，我们可以计算在 125 个总共的结果中这类事件包含的结果数目：首先我们得知道 3 个卷轴中哪 2 个卷轴停在铃铛上，这有 $\binom{3}{2}=3$ 种选择；然后，还需要知道另一个符号是什么，这有 4 种选择. 于是，这类事件包含的结果数目为 12，那么得到 2 个铃铛和另一张图片的概率为 12/125.

接下来，为了计算期望值，只需要将每个事件的可能性乘以相应的回报，然后相加：我们有

$$\text{ev}= \frac{1}{125}\times 50+\frac{4}{125}\times 10+\frac{12}{125}\times 2$$
$$= \frac{50+40+24}{125}$$
$$= \frac{114}{125}$$

所以问题"如果要花 1 美元玩一局，这是一个好的赌局吗？"的答案是：不是（我们可能一直在简化问题，但的确我们至少需要现实一点.）

能够计算期望值为我们提供了一个制定策略的方法：面对几个可能的赌局选择，可以计算每个赌局的期望值来决定我们的最优策略．我们将用两个简单的例子来说明这一点，然后再考虑一个不那么容易的情况．

假设可以选择 3 场游戏．在每一场游戏中，只需从标准牌组随机获得一张牌．不过，相应的收益是不同的：

1. 游戏 A 是最简单的：如果你的牌是 A，则赢 100 美元；否则，你什么也得不到；

2. 在游戏 B 中，如果你得到一张 A，将赢得 50 美元；如果你得到一张人头牌（即 J，Q，K），将赢得 25 美元；否则，你什么也得不到；

3. 在游戏 C 中，如果你得到一张人头牌，将赢得 25 美元；否则将获得等同于牌上显示的数字的美元数：一张 A 代表 1 美元，一张 2 代表 2 美元，依此类推，最多一张 10 代表 10 美元．

哪个游戏对你最有利，多少钱值得玩一次？

回答这个问题是非常直接的，即要计算每个游戏的期望值．游戏 A 特别简单：你赢得 100 美元的概率是 1/13，因此其期望值为

$$\frac{1}{13} \cdot 100 = \frac{100}{13} \approx \$ 7.69$$

对于游戏 B，你赢得 50 美元的概率为是 1/13，赢得 25 美元的概率是 3/13，于是其期望值是

$$\frac{1}{13} \cdot 50 + \frac{3}{13} \cdot 25 = \frac{50 + 3 \cdot 25}{13} = \frac{125}{13} \approx \$ 9.62$$

最后，游戏 C 的期望值为

$$\frac{1}{13}\cdot 1+\frac{1}{13}\cdot 2+\cdots+\frac{1}{13}\cdot 9+\frac{1}{13}\cdot 10+\frac{3}{13}\cdot 25$$

$$=\frac{1+2+\cdots+9+10+75}{13}$$

$$=\frac{130}{13}$$

$$=\$\,10$$

因此游戏 C 是对你最有利的,值得花 10 美元玩一局.

让我们来考虑一个不那么简单的例子.这里的游戏规则是:首先,你付 3000 美元,然后可以掷一堆(标准的六面的)骰子.相应发生的结果得到的收益如下:

- 如果你掷出至少一个 6 点,但没有 1 点,那么你将会得到 10 000 美元;

- 否则,如果你掷出一个 1 点或者没有掷出 6 点,那么你什么也得不到.

麻烦来了:你得决定掷多少骰子.所以现在的问题是,选择掷多少骰子能带给你最高的期望值?

当你开始思考这个问题时,首先要看到的是,对于任何给定数量的骰子,我们都可以计算出其期望值.现在将计算当骰子数目分别为 1、2 和 3 时游戏的期望值.然后,当我们寻找到规律后,再计算任意骰子数目的期望值.

首先,只有一个骰子的情况是非常简单的:你掷出一个 6 点从而能够得到 10 000 美元奖金的概率为 1/6,否则你什么也得不到.于是其期望值为

$$\frac{1}{6}\times 10\,000=\frac{10\,000}{6}\approx 1667\ \text{美元}$$

两个骰子的情况如何呢？同样，我们得先确定掷出至少一个 6 点但没有 1 点的所有结果（由 1～6 之间的两个数排列成的序列）的数目．基本上，可以把这些结果分成两类：能掷出两个 6 点或者一个 6 点另一个骰子的点数在 2～5 之间．对于前者，只有一种可能的结果；对于后者，有 $\binom{2}{1} \times 4 = 8$ 种可能的结果，因此共有 9 种可能的结果．因为掷两个骰子一共有 36 种可能的结果，所以其期望值为

$$\frac{9}{36} \times 10\ 000 = \frac{10\ 000}{4} = 2500\ \text{美元}$$

很好！现在 3 个骰子的情况又是如何呢？这里，掷出至少一个 6 点但没有 1 点的结果可以分成三类：3 个骰子都是 6 点，这只有一种可能的结果；两个 6 点，另一个骰子的点数在 2～5 之间，这种情况有 $\binom{3}{2} \times 4 = 12$ 种可能的结果；一个 6 点，另外两个骰子的点数在 2～5 之间，这种情况有

$$\binom{3}{1} \times 4^2 = 48$$

种可能的结果．总共有 1+12+48=61 种可能的结果，于是其期望值为

$$\frac{61}{216} \times 10\ 000 = \frac{610\ 000}{216} \approx 2824\ \text{美元}$$

仍然很好！不过，此时，赌台主持人正变得稍有些不耐烦，身后的人正在清嗓子，我们最好尽快做出决定．所以，让我们切入正题，计算出掷任意 n 个骰子的期望值 ev_n.

我们需要一种更好的方法来计算这些数字．幸运的是，有一

个：减法原理．现在掷 n 个骰子，那么有 6^n 个可能发生的结果．
在这些结果中，我们知道有多少种结果没有 1 点：这也是 $2 \sim 6$ 之
间的 n 个数字排列成的序列的个数，即 5^n 个．现在要问的是：在
这些没有 1 点的 5^n 个结果中，有多少个至少有一个 6 点的结果？
减法原理告诉我们：在这些没有 1 点的 5^n 个结果中，没有 6 点的
结果的数目恰好等于 $2 \sim 5$ 之间的 n 个数排列成的序列的个数，即
4^n 种，于是没有 1 点但至少出现一个 6 点的结果数为差值 $5^n - 4^n$．
这样，我们可以写出掷 n 个骰子的游戏的期望值为

$$\mathrm{ev}_n = \frac{5^n - 4^n}{6^n} \times 10\ 000$$

OK！让我们拿出计算器来为不同的 n 对应的 ev_n 制作一张表，
如表 8-1 所示．

表 8-1

n	ev_n	整数近似
1	10 000/6	1667
2	90 000/36	2500
3	610 000/216	2824
4	3 690 000/1296	2847
5	21 010 000/7776	2702
6	115 290 000/46 656	2471
7	617 410 000/279 936	2206

n 越大，ev_n 变得越来越小．答案是明确的：无视过去公然敌
对的赌台主持人和正在靠近你的赌场监督，你果断地说，"我掷 4
个骰子！"

准备输得一干二净吧. 我们说过掷 4 个骰子会给你带来最高的期望值, 但并没有说这是一个很好的赌局: 你正在花 3000 美元玩一个价值 2847 美元的游戏.

问题 8.4.1 假设我们修改了游戏规则使其对你有利: 现在, 如果你掷出一个 5 点或 6 点, 但没有 1 点, 就赢 10 000 美元; 否则, 就什么也得不到. 在这种情况下, 你掷骰子的最佳数目是多少? 你现在的期望值是多少?

解 第一步得计算出如果掷 n 个骰子的话赢得 10 000 美元这个修改版游戏的概率. 可以用和上面一样的方法. 首先, 在所有 6^n 种可能发生的结果中, 不出现 1 点的结果的数目为 5^n. 在这些结果中, 不出现 5 点或 6 点的结果个数为 3^n, 于是赢得 10 000 美元的结果数目为 $5^n - 3^n$, 因此这个游戏的期望值为

$$\mathrm{ev}_n = \frac{5^n - 3^n}{6^n} \times 10\,000$$

同样, 我们可以制作一张 $n = 1, 2, 3, \cdots$ 对应的 ev_n 的表, 如表 8-2 所示.

表 8-2

n	ev_n	整数近似
1	10 000 · 2/6	3333
2	10 000 · 16/36	4444
3	10 000 · 98/216	4537
4	10 000 · 544/1296	4197
5	10 000 · 2882/7776	3706

n 越大，ev_n 变得越来越小．于是你的最优策略是掷 3 个骰子．

可以研究下面更多的游戏变形：

习题 8.4.2 假设我们修改了游戏规则，使其对商家有利：如果你掷出一个 6 点但没有 1 点或 2 点，将赢得 10 000 美元；否则，你什么也得不到．同样的问题，你掷骰子的最佳数目是多少？你的期望值是多少？

习题 8.4.3 这里还有两个游戏，玩法和上面的游戏 A、B、C 类似．在任意一个游戏中，你会随机得到一张牌，相应结果的收益如下：

    d. 在游戏 D 中，如果你得到一张人头牌，将赢得 10 美元，否则将获得牌上显示的数字的美元数 2 倍的收益，即一张 A 代表 2 美元，一张 2 代表 4 美元，依此类推，最多一张 10 代表 20 美元．

    e. 在游戏 E 中，如果你得到一张人头牌，将赢得 20 美元；如果你的牌是数字牌（我们视 A 为数字 1）且数字为偶数，将赢得 10 美元，而如果数字是奇数，将赢得 5 美元．比较游戏 D、E 和上面的游戏 A、B、C.

习题 8.4.4 考虑一下像上面描述的老虎机，有 3 个卷轴，每个卷轴有 5 张图片：苹果、樱桃、柠檬、葡萄和一个铃铛．

然而，假设收益是不同的：3 个铃铛支付 25 美元，任意 3 个水果支付 10 美元，2 个铃铛加上 1 个水果支付 3 美元．这个游戏的期望值是多少？

假设 3 个铃铛的收益变成了 50 美元，任意 3 个水果的收益变成了 20 美元（也就是说，没有铃铛）. 现在期望值是多少？

在玩了几个小时的老虎机后，你惊讶地发现机器的每个卷轴上实际有 6 张图片：1 个铃铛和 5 种不同的水果. 如果 3 个铃铛的收益是 50 美元，任意 3 个水果的收益是 10 美元，2 个铃铛和 1 个水果的收益是 2 美元，那么现在的期望值是多少？

8.5　医疗决策

在我们继续之前，还有一个非常重要的策略制定的例子值得明确讨论，即医疗问题. 我们首先得提到，这里考虑的情况和数字过于简单和不切实际，只是为了试图说明这个概念.

假设艾莉 60 岁，患有危及生命的疾病，可以选择两种外科手术来解决她的问题. 手术 A 有最高的概率彻底治愈她的疾病，但也是最危险的. 有 40% 与她类似的病例中，手术 A 彻底治愈了他们，所以他们度过了余生，平均下来，又活了 20 年. 然而，有 20% 与她类似的病例中，病人死于该手术或引起的并发症. 余下 40% 与她类似的病例中，病人死于平均 5 年的疾病复发. 手术 B 彻底治愈该疾病的概率要小一些，但更安全：只有 20% 完全治愈，但没有死亡病例；剩下的 80% 平均活了 5 年. 你可以猜出这样一个问题：哪种手术让病人生存的年数的期望值更大？

这是我们公式的一个简单应用：手术 A 带给病人的期望值为

$$\frac{40}{100} \times 20 + \frac{40}{100} \times 5 = 10 \text{ 年}$$

而手术 B 带给病人的期望值为

$$\frac{20}{100} \times 20 + \frac{80}{100} \times 5 = 8 \text{ 年}$$

现在，在 8.2 节中，给出了一个类似的关于停车的问题．然后，在 8.2 节中，我们继续指出对这个问题的设定有很多缺陷（我们承认，这多少有点不诚实，因为我们一开始解决了这个问题）．事实上，这里仍可以提出类似的质疑，即

1. 人体对手术的反应在一定程度上是不同的，不能简单地把它归类为成功或失败．

2. 将各种结果赋予概率值是有问题的．这些通常是基于与你相似的人以前的经验．但在哪些方面相似呢？我们不一定知道哪种外部或内部因素影响手术的成功．

3. 量化所发生的结果也是有缺陷的．活 20 岁的预期寿命一定是活 5 年的 4 倍吗？就这一点而言，有 1/4 的概率活 20 年就一定相当于一定能活 5 年吗？

同样，所有上面的质疑都是合理的．但有一点不同：在停车问题上做出的决定最终是没有必要的：艾拉和他的朋友们可以（也许会）无情地嘲笑他，直到他放弃，然后把车停下．但医疗决策确实必须以这种或那种方式做出，重要的是还要理解做出决定的基础，因为可能会存在缺陷．

最终，这是我们希望你从这门课程中学到的大部分内容。当然，我们希望你能够在那些既有意义又可计算的情况下确定概率，那是随后一切的基础。但是，在许多情况下，这种概率推理的应用显然存在缺陷，而且无论如何都还是要使用它。在这些情况下，清楚地了解概率的适用范围和不适用的范围至关重要。在讨论概率

论的大规模应用以及第 14 章的总结时，我们将更多地讨论其中一些问题。

问题 8.5.1 假设艾莉现在已经 70 岁了，她的预期寿命（如果能够治愈的话）是再活 12 年，而不是 20 年。现在哪一个手术具有更大的期望值呢？如果艾莉的预期寿命是 8 年呢？

第 9 章

条 件 概 率

在第 5 章和第 8 章中，我们计算了诸如掷硬币（骰子）等相关独立随机试验的概率．在这类试验中，每次试验的结果不影响之后发生的结果．但生活中遇到的现象并不总是这样的．在本章中我们将引入条件概率：给定结果受到先前事件影响的概率．我们将首先考虑两种结果发生是正相关的情形，即已知某个结果已经发生了，那么另一结果更有可能发生．同样，还将考虑两种结果发生是负相关的情形．本章的重点是贝叶斯定理，它是计算两个相关事件的条件概率的关键工具．

9.1 三门问题

三门问题来源于一个被称作"让我们做个交易"的古老游戏节目中多次上演的一个场景．虽然这个场景的设置在细节上各不相同，但总体都差不多．首先，主持人蒙提霍尔会选择一名观众来参与这个游戏．这名观众会看见三副门帘，其中一副门帘的后面会有一个值得期待的奖品（诺加海德革的一整套客厅套装或一辆汽车），在另外两副之后是有趣却没什么价值的奖品，比如山羊⊖．游戏参与者要从三副门帘中选择其中一副，并且可以获得这副门帘后的奖品．

　　然而此时，蒙提霍尔会在揭晓选手所选门帘后面的奖品之前，打开其中一个未被选中的门帘，并揭晓门帘后面的山羊．然后，参与者可以坚持原来的选择或换成剩下的那副．问题是：参与者是否要改变呢？每种情况成功的概率是多少？

　　（注意到蒙提霍尔不是在参与者未选择的两扇门中随机地选择，并展示出那个门后的物品．他总是选取一个后面是羊的门．所以，如果参与者最初选了一扇有山羊的门，则蒙提霍尔无法选择打开哪扇门，他只能选择另一扇有山羊的门．但如果参与者最初选了有汽车的门，则蒙提霍尔可以从剩下的两个门中任选一个打开，此时他可以随机选择．）

　　首先要指出的是，如果你坚持原来的选择，那么获胜的可能性与蒙提霍尔选择之前一样：1/3. 另外一方面，为了计算你的选择改变后选中的概率，我们可以列出选择改变后的结果：

- 你原来的猜测有 1/3 的可能性是正确的；在这种情况下你输了．但是：
- 你原来的猜测有 2/3 的可能性是错误的；在这种情况下你赢了．

⊖　我们喜欢山羊．直截了当地说，相比于诺加海德革的客厅套装，我们更喜欢前者．但就这个问题的目的来说，我们会同意蒙提霍尔的意见，认为客厅套装是我们想要的，而不是山羊．

这样，你的选择改变获胜的概率是 2/3!

让我们来试试这个游戏的一些变形，看看会是什么结果. 例如，如果有四扇门，后面有一辆汽车和三只山羊. 我们玩同样的游戏：先选一扇门，蒙提霍尔给我们看是一只山羊，那么我们选择坚持还是改变？注意现在有四扇门. 在这种情况下，每种选择的概率是多少？

像之前一样，如果我们坚持原来的选择，那么有 1/4 的概率会赢. 如果我们决定选择剩余两扇门中的一扇门会是怎样？在这种情况下：

- 你原来的猜测有 1/4 的可能性是正确的；在这种情况下你输了，但是：
- 你原来的猜测有 3/4 的可能性是错误的. 在这种情况下，赢的门是剩下的两扇中的一个，那么你有一半的机会猜对.

这样说吧：你将有 3/4 一半的可能性是正确的，也就是说 3/8 的可能性. 同样，比坚持原来的选择要好.

此时，我们可以考虑 n 扇门时的情况，其中一扇门后同样是汽车，其他 $n-1$ 扇门后是山羊. 如果我们坚持原来的选择，和以前一样，获胜的概率是 $1/n$. 如果我们选择改变，逻辑是：

- 你原来的猜测有 $1/n$ 的可能性是正确的；在这种情况下你输了.
- 你原来的猜测有 $1/n-1$ 的可能性是错误的. 在这种情况下，后面有车的门是剩下的 $n-2$ 扇中的一个，那么你有 $1/(n-2)$ 的机会猜对.

于是你获胜的概率就是

$$\frac{n-1}{n} \cdot \frac{1}{n-2} = \frac{n-1}{n(n-2)}$$

可以写成

$$\frac{n-1}{n(n-2)} = \frac{1}{n} \cdot \frac{n-1}{n-2}$$

因为 $n-1/n-2 > 1$，所以我们发现改变总比坚持原来的选择的获胜概率 $1/n$ 好.

我们不得不问：如果有多扇门和多辆汽车会是怎样？例如，假设有 5 扇门，后面有两辆车和 3 只山羊，该坚持还是改变？同样的逻辑仍然适用：如果你坚持原来的选择，获胜的概率只有 2/5. 另一方面，如果你选择改变：

- 你原来的猜测有 2/5 的可能性是正确的. 这时，在蒙提霍尔展示一只山羊之后，剩下的 3 扇门中有一辆汽车和两只山羊；在这种情况下，你赢的概率是 1/3.

- 你原来的猜测有 3/5 的可能性是错误的. 这时，剩下的 3 扇门后有两辆汽车和一只山羊；在这种情况下，你赢的概率是 2/3.

也就是说，2/5 的时候你有 1/3 的机会获胜；3/5 的时候你有 2/3 的机会获胜. 因此，你获胜的概率是

$$\frac{2}{5} \cdot \frac{1}{3} + \frac{3}{5} \cdot \frac{2}{3} = \frac{8}{15}$$

此时，我们可以考虑有任意 n 扇门和任意 k 辆汽车的情形. （其实也不是完全任意的：至少要有 3 扇门，否则我们不能进行这个游戏；同样，至少要有两只山羊，使得无论你选择哪扇门蒙提

霍尔都可以给你展示出一只山羊；换句话说，$n \geqslant 3$ 且 $k \leqslant n-2$.）

在这种情况下，我们坚持原来选择的概率是 k/n. 另外一方面，如果我们选择改变，则由前面的逻辑得：

- 你原来的猜测有 k/n 的概率是正确的．在这种情形下，蒙提霍尔给你展示一只山羊后，剩下的 $n-2$ 扇门中有 $k-1$ 辆汽车和 $n-k-1$ 只山羊；相应地，你获胜的概率为 $(k-1)/(n-2)$．另外一方面：

- 你原来的猜测有 $(n-k)/n$ 的概率是错误的．在这种情形下，剩下的 $n-2$ 扇门中有 k 辆汽车和 $n-k-2$ 只山羊；你获胜的概率将是 $k/n-2$.

将上面的概率加起来，你获胜的概率为

$$\frac{k}{n} \cdot \frac{k-1}{n-2} + \frac{n-k}{n} \cdot \frac{k}{n-2} = \frac{k(k-1)+(n-k)k}{n(n-2)}$$

$$= \frac{k(n-1)}{n(n-2)}$$

注意这总是大于 k/n 的（因为 $n-1$ 比 $n-2$ 大），所以最终结果是：总是要改变选择．

习题 9.1.1　我们已经看到在任意版本的三门问题中，都应该改变所选的门．你能给出一个概念化的（而非数值上的）解释为什么会这样吗？

9.2　什么是条件概率

所有这些版本的三门问题都说明了条件概率的概念：我们不

知道最初的猜测正确与否，但可以计算在这两种情形下的概率，并以此来确定获胜的概率．

为了具体起见，我们引入一些符号．一般情况下，用 $P(A)$ 表示事件 A 发生的概率．例如，我们在分析有 n 扇门和 k 辆车的三门问题时，令 A 代表"我们初始猜测是正确的"这个事件，令 B 代表"我们初始猜测是错误的"这个事件，那么有

$$P(A) = \frac{k}{n}, P(B) = \frac{n-k}{n}$$

注意在一般情形下，$P(A)$ 是一个介于 0 和 1 之间的数，如果 A 是一个必然事件，则 $P(A)=1$，如果 A 是一个不可能发生事件，那么 $P(A)=0$．还要注意到，如果随机试验只有两个事件 A 和 B，且 A 和 B 中有一个一定发生，但不会同时发生，则一定有

$$P(A) + P(B) = 1$$

现在，我们考虑三门问题中通过改变选择后赢得游戏的事件，并用 W 表示．在这种情况下，我们也许开始并不知道 W 发生的概率，但知道如果 A 发生则 W 发生的概率．此时，记为 $P(W \mid A)$．

同样，在蒙提霍尔的例子中，情况是这样的：假设开始的猜测是正确的，那么我们改变选择后赢的概率用新的符号可表示为

$$P(W \mid A) = \frac{k-1}{n-2}$$

类似地

$$P(W \mid B) = \frac{k}{n-2}$$

上式中，$P(W \cap A)$ 表示 A 和 W 都发生的概率．事实上，我们可以看到

$$P(W \bigcap A) = P(A) \cdot P(W \mid A)$$

即 A 和 W 同时发生的概率（记为 $P(W \bigcap A)$）等于 A 发生的概率乘以已知 A 发生的条件下 W 发生的概率.

假设我们现在遇到的情形是要么 A 发生要么 B 发生，但不会同时发生. 在计算上，这种情形对应于条件 $P(A) + P(B) = 1$. 于是，说 W 发生就是说，要么 W 和 A 同时发生，要么 W 和 B 同时发生，即

$$P(W) = P(W \bigcap A) + P(W \bigcap B)$$

此外，因为 $P(W \bigcap A) = P(A) \cdot P(W \mid A)$，同样，对 B 也有类似的公式，因此可以将其写为更一般的公式：

设两个事件 A 或 B 会发生，但不同时发生. 则对其结果可能依赖于 A 和 B 的第三个事件 W，有

$$P(W) = P(A) \cdot P(W \mid A) + P(B) \cdot P(W \mid B)$$

换句话说，假设事件 A 发生的概率为 $P(A)$，那么在 A 发生的次数中，W 发生的概率为 $P(W \mid A)$；类似地，如果 B 发生的概率为 $P(B)$，那么在这些次数中，W 发生的概率为 $P(W \mid B)$. 于是 W 发生的总概率 $P(W)$ 就是 A 和 W 同时发生的可能性 $P(A) \cdot P(W \mid A)$ 加上 B 和 W 同时发生的可能性 $P(B) \cdot P(W \mid B)$. 这正是在三门游戏中我们在计算决定改变策略而获胜的概率时所做的运算.

例如，如果 $P(A) = P(B) = 1/2$，即 A 和 B 的发生是等概率的，那么我们赢的概率就是 $P(W \mid A)$ 和 $P(W \mid B)$ 的平均，这是有意义的. 当 $P(A)$ 增加，则 $P(B)$ 减小（这里因为 A 和 B 发生的概率之和为 1），这样我们得到一个加权平均值，其中 $P(W \mid A)$ 的

权重更大一些；同样，这也是有意义的.

在这种设定下，我们称 $P(W \mid A)$ 为假设 A 发生时获胜的条件概率；类似地，称 $P(W \mid B)$ 为假设 B 发生时获胜的条件概率.

我们可以很自然地得到更一般的版本. 如果 n 个事件 A_1，$\cdots$，A_n 中有一个事件必须发生；设 $P(A_i)$ 为 A_i 发生的概率. 假设 A_i 发生的情形下获胜的概率是 $P(W \mid A_i)$. 于是获胜的概率 $P(W)$ 是

$$P(W) = P(A_1)P(W \mid A_1) + \cdots + P(A_n)P(W \mid A_n)$$

问题 9.2.1　有两个赌徒内森和卡尔，由于缺乏想象力，他们正在玩一个简单的游戏：每人掷一个骰子，点数高的人获胜. 如果是平局，那么内森掷一个骰子来打破平局：如果是 1、2、3 或 4，则内森获胜，如果是 5 或者 6，则卡尔获胜. 这给了内森多少优势？换言之，他获胜的概率是多大？

解　第一次掷可能有三种结果：内森直接获胜，卡尔直接获胜，或者平局. 将这些结果分别记为 A_N，A_C，A_T，我们要做的第一件事就是确定它们发生的概率.

这很直接. 内森和卡尔第一次掷骰子有 36 种可能的结果. 其中 6 种是平局，剩下的 30 种结果中内森获胜和卡尔获胜的次数是相同的. 于是，

$$P(A_N) = \frac{15}{36}, \quad P(A_C) = \frac{15}{36}, \quad P(A_T) = \frac{6}{36}$$

下面的问题是，在给定第一次掷的结果后内森获胜的概率是多少呢？同样，这并不难计算：如果 A_N 发生了，则内森直接获胜；换句话说（或用符号表示），如果记内森获胜为 W，那么

$$P(W \mid A_N) = 1$$

类似地，如果 A_C 发生，那么内森将没有获胜的机会，也就是说，

$$P(W \mid A_C) = 0$$

最后，如果 A_T 发生，即第一轮的结果是平局，那么内森将有 4/6 的概率会获胜，于是

$$P(W \mid A_T) = \frac{4}{6}$$

现在我们只需把它们都加起来：根据前面的公式，得到

$$P(W) = P(A_N)P(W \mid A_N) + P(A_C)P(W \mid A_C) + P(A_T)P(W \mid A_T)$$

$$= \frac{15}{36} \cdot 1 + \frac{15}{36} \cdot 0 + \frac{6}{36} \cdot \frac{4}{6} = \frac{19}{36}$$

换句话说，内森将有 19/36 或约 52.8％ 的概率赢得游戏. ■

下面用另外一个赌博游戏来说明条件概率这个概念：

问题 9.2.2 内森和卡尔已经退步到玩掷硬币的游戏了. 游戏规则
如下：内森从一个装有三枚硬币的袋子里随机挑选一枚，然
后进行投掷. 如果是"正面"，则内森获胜，如果是"反面"，
则卡尔获胜. 有意思的是，袋子中有两枚硬币是"公平的"，
即出现"正面"和"反面"的概率相同，但一枚是特制的：
出现"反面"的概率是 60％，即 3/5，出现"正面"的概率
只有 2/5. 问题是，内森获胜的概率有多大？

解 因为我们不知道内森选择了哪枚硬币，所以不知道他投
掷的概率是多少，但是知道每一种情况下的概率，所以可以使用
我们的公式. 按照这个逻辑：内森选择"公平"硬币的概率是
2/3，在这种情况下，有一半的概率会获胜；他选择"特制"硬币
的概率是 1/3，在这种情况下，获胜的概率只有 2/5. 换句话说，

内森获胜的概率是 2/3 的 1/3 加上 1/3 的 2/5，即

$$\frac{1}{2} \cdot \frac{2}{3} + \frac{2}{5} \cdot \frac{1}{3} = \frac{14}{30}$$

用符号来表示的话：如果内森选择"公平"硬币的事件是 A，选择"特制"硬币的事件是 B，则有

$$P(A) = 2/3, \quad P(B) = 1/3$$

现在，如果用 W 表示内森获胜，那么题设告诉我们

$$P(W \mid A) = 1/2, \quad P(W \mid B) = 2/5$$

应用前面的公式，像之前一样，我们有

$$P(W) = P(A) \cdot P(W \mid A) + P(B) \cdot P(W \mid B)$$

$$= \frac{2}{3} \cdot \frac{1}{2} + \frac{1}{3} \cdot \frac{2}{5}$$

$$= \frac{14}{30}$$

习题 9.2.3 假设在袋子中有两枚硬币，一枚是"公平的"，另一枚是两面都是"正面"的作弊硬币．在不准看的情况下，从袋子中随机拿取一枚并投掷．那么它是正面的概率有多大？

习题 9.2.4 和上个问题一样，在一个袋子中装有两枚硬币，一枚是"公平的"，另一枚是两面都是"正面"的作弊硬币．在不准看的情况下，从袋子中随机拿取一枚并投掷，结果是"正面"．你选择的硬币是"公平"的概率有多大？

9.3 独立性

现在是恰当的时候来讨论事件独立性这个概念了，这个概念

之前遇到过，但现在可以用我们的新符号更准确地表达．

回顾我们刚开始讨论概率的时候，讨论的第一个例子就是一系列掷硬币试验．我们观察到，如果连续掷 n 个硬币，就有 2^n 种可能发生的结果，进一步假设硬币是"公平"的，即掷的每一次出现"正面"或"反面"的概率是一样的，那么这 2^n 个结果也都是等概率发生的．此时称"硬币是无记忆的"，也就是说，第一次掷硬币的结果不会影响第二次，依此类推．

为了用新的符号来表示，假设 H_1 表示第一次掷硬币是"正面"的结果，第一次掷硬币出现"反面"用 T_1 表示；用 H_2 表示第二次掷硬币是"正面"的结果，第二次掷硬币出现"反面"用 T_2 表示．当我们说第二次掷硬币不会影响到第一次的结果时，即是说

$$P(H_2) = P(H_2 \mid H_1) = P(H_2 \mid T_1) = 1/2$$

类似地，

$$P(T_2) = P(T_2 \mid H_1) = P(T_2 \mid T_1) = 1/2$$

换句话说，如果在已知第一次掷出"正面"或"反面"的情况下，第二次掷出"正面"或"反面"的概率和不知道时是一样的．

一般来说，假设有一个具有 A 和 B 两种可能结果的事件，还有一个结果为 W 和 L 的事件．如果第二个事件的结果是 W 的概率不依赖于第一个事件，也就是说，如果

$$P(W) = P(W \mid A) = P(W \mid B)$$

那么称这两个事件是独立的．在这种情况下，A 和 W 同时发生的概率就是乘积 $P(A)P(W)$：

$$P(W \bigcap A) = P(A) \cdot P(W \mid A)$$
$$= P(A)P(W)$$

我们还不是很清楚为什么这是符合事件独立性直观概念的合理数学公式. 首先，它不应该也依赖于 $P(L)$ 与 $P(L \mid A)$ 和 $P(L \mid B)$ 之间的关系吗? 我们将在习题 9.3.4 中进一步研究，但现在，我们将这个奇怪的定义记录在另外一个"黑匣子"中作为参考：

给定两个事件，第一个事件有 A 或 B 两个可能发生的结果，第二个事件有 W 或 L 两个可能发生的结果，如果

$$P(W) = P(W \mid A) = P(W \mid B)$$

那么这两个事件是独立的.

一系列掷硬币试验是独立事件的一个很好的例子. 作为比较，从一副牌中发一系列牌就是非独立事件的一个例子. 例如，假设 A 代表发的第一张牌是黑桃，B 代表这张牌是其他三种花色，W 代表第二张牌是黑桃. 如果假设 A 发生，即第一张牌是黑桃，那么这副牌剩下的 51 张中有 12 张黑桃和 39 张非黑桃，所以第二张牌仍是黑桃的概率是

$$P(W \mid A) = \frac{12}{51}$$

另外一方面，如果第一张牌不是黑桃，那么剩下的 51 张牌中有 13 张黑桃和 38 张非黑桃，于是

$$P(W \mid B) = \frac{13}{51}$$

这里是一个实际检验：如果对第一张牌没有任何假设，那么第二

张牌是黑桃的概率应该是从牌中随机抽取一张牌是黑桃的概率，即 1/4. 事实上，因为第一张牌是黑桃的概率 $P(A)$ 是 1/4，所以有

$$P(W) = P(A) \cdot P(W \mid A) + P(B) \cdot P(W \mid B)$$

$$= \frac{1}{4} \cdot \frac{12}{51} + \frac{3}{4} \cdot \frac{13}{51}$$

$$= \frac{1 \cdot 12 + 3 \cdot 13}{4 \cdot 51}$$

$$= \frac{1}{4}$$

对于任何一对事件 A 和 W，如果 $P(W \mid A) > P(W)$，即如果在已知 A 发生的情况下 W 比一般情况更有可能发生，则称 W 和 A 是正相关的；如果 $P(W \mid A) < P(W)$（正如上个例子中那样），则称 W 和 A 是负相关的. 例如，刚才的计算表明，当我们从一副牌中抽取两张牌时，第二张牌是黑桃的概率与第一张是黑桃的概率呈负相关性.

问题 9.3.1 考虑三门问题中多扇门、多辆车的版本，即如 9.1 节中所述，有 n 扇门和 k 辆车. 假设采用改变选择的策略，那么获胜的概率与最初选择是正确的概率是正相关还是负相关？

解 我们已经计算出了相关的概率，所以这只是一个弄清楚"正相关"和"负相关"含义的问题. 先设定符号是有帮助的：记 A_r 为第一次猜测是正确的事件，A_w 为第一次猜测是错误的事件.（如 9.2 节所述，$P(A_r) = \frac{k}{n}, P(A_w) = \frac{n-k}{n}$，尽管这些与当前问题无关.）正如我们在 9.1 节中看到的，如果初始选择是正确的并

选择了改变，则获胜的概率是 $\dfrac{k-1}{n-2}$，而如果初始选择是错误的，那么改变后获胜的概率是 $\dfrac{k}{n-2}$. 用符号来表示，如果记 W 为获胜赢得汽车的事件，则

$$P(W \mid A_r) = \frac{k-1}{n-2}$$

而在 9.1 节中计算出获胜的总概率为

$$P(W) = \frac{k(n-1)}{n(n-2)}$$

现在，这个数字比 $P(W \mid A_r) = k-1/n-2$ 大（你自己验证一下，或者直接去看问题 9.3.2），这意味着如果最初的猜测是正确的，那么赢得汽车的概率要差一些. 因此，我们认为赢得汽车的概率和初始猜测是正确的概率呈负相关性.　■

问题 9.3.2　刚才我们说 $\dfrac{k(n-1)}{n(n-2)}$ 总是比 $\dfrac{k-1}{n-2}$ 大，这是如何得到的？

　　解　当比较分数的大小时，总是先通分，将它们放在一个公分母上：在这种情况下，应该将分数 $\dfrac{k-1}{n-2}$ 和 $\dfrac{k(n-1)}{n(n-2)}$ 写作

$$\frac{k-1}{n-2} = \frac{k-1}{n-2} \cdot \frac{n}{n} = \frac{(k-1)n}{(n-2)n} = \frac{kn-n}{(n-2)n}$$

和

$$\frac{k(n-1)}{n(n-2)} = \frac{kn-k}{(n-2)n}$$

现在分母相等了，只需要比较分子的大小：因为 k 小于 n，所以 $kn-k$ 小于 $kn-n$（减去一个较小的量），因此

$$\frac{k(n-1)}{n(n-2)} > \frac{k-1}{n-2}$$

习题 9.3.3 假设你在玩双牌扑克：从一副牌中随机抽取两张牌．如果花色相同，则称你有一个小同花，如果是按顺序排列，就称为小顺子．（注意 A2 和 AK 都算作小顺子．）

1. 首先，拿到小同花的概率是多大？

2. 拿到小顺子的概率是多大？

3. 在假设你拿到了小同花的情况下，牌面是小顺子的概率是多大？

4. 在假设你拿到了小顺子的情况下，牌面是小同花的概率是多大？

5. 拿到小同花的事件和拿到小顺子的事件是独立的、正相关的还是负相关的？并对所给答案进行验证．

我们留给你两个概念性的问题，虽然现在还没有工具来从数学上回答它．在 9.5 节讨论过贝叶斯定理后会看到这两个问题的答案，但现在想给你一个对它们进行非正式推理的机会．

习题 9.3.4 考虑两个事件：第一个事件有 A 和 B 两种可能发生的结果，第二个事件有 W 和 L 两种可能发生的结果．

1. 如果 W 与第一个事件的结果独立，那么 L 也和第一个事件的结果独立吗？

2. 如果 $P(W) = P(W \mid A) = P(W \mid B)$，这是否一定意味着 $P(L) = P(L \mid A) = P(L \mid B)$？

3. 这些问题彼此之间有什么关系？

还有一个类似的问题：

习题 9.3.5　相关性是对称的吗？换句话说，如果 W 与 A 正相关，那么 A 与 W 一定正相关吗？

9.4　选举

　　下面是出现条件概率的另外一个例子．假设一个学生团体即将进行选举，有特蕾茜和保罗两个候选人．民调显示，在左撇子和右撇子这两类选民中，对两位候选人的支持率存在重大差异．可能是因为特蕾茜大力提倡教室里的左手桌，所以在左撇子选民中，75% 支持特蕾茜，只有 25% 支持保罗．然而，右撇子并不信服：在这些选民中，60% 支持保罗，只有 40% 支持特蕾茜．假设左撇子占投票人数的 20%，那么谁会赢得选举？用不同的方式（但却是等价的）来表述该问题，如果你随机问一个投票的人，他投票给特蕾茜的概率是多大？

　　我们可以像处理三门问题那样将它分解．左撇子占总人数的 1/5，其中 3/4 的人投票给特蕾茜，因此，是左撇子且投票给特蕾茜的人占总人数的比例为

$$\frac{1}{5} \cdot \frac{3}{4} = \frac{3}{20} = \frac{15}{100}$$

或 15%．类似地，支持保罗的左撇子的比例是

$$\frac{1}{5} \cdot \frac{1}{4} = \frac{1}{20} = \frac{5}{100}$$

或 5%．我们可以用类似的方法处理其余的情况，并将信息放入下表：

	特蕾茜	保罗
左撇子	$\frac{1}{5} \cdot \frac{3}{4} = \frac{15}{100}$	$\frac{1}{5} \cdot \frac{1}{4} = \frac{5}{100}$
右撇子	$\frac{4}{5} \cdot \frac{2}{5} = \frac{32}{100}$	$\frac{4}{5} \cdot \frac{3}{5} = \frac{48}{100}$
总计	$\frac{47}{100}$	$\frac{53}{100}$

换句话说，在 100 个随机选择的选民中，预计有 32 个是右撇子且支持特蕾茜，48 个是右撇子且投票给保罗，15 个是左撇子且投票给特蕾茜，5 个是左撇子且支持保罗．我们将其加起来，看到特蕾茜有 47% 的选票，保罗有 53% 的选票．特蕾茜输了，这表明其吸引的选民受众面太窄．

这个例子再次说明我们在三门问题中看到的同样的原理．可以用文字来描述（至少是部分地）：

一个随机的选举人 X 投票给特蕾茜的概率

是

X 是左撇子且投票给特蕾茜的概率

加上

X 是右撇子且投票给特蕾茜的概率

即是

X 是左撇子的概率乘以在给定 X 是左撇子的情况下，
投票给特蕾茜的概率

加上

X 是右撇子的概率乘以在给定 X 是右撇子的情况下，
投票给特蕾茜的概率

即是

$$\frac{1}{5} \cdot \frac{3}{4} + \frac{4}{5} \cdot \frac{2}{5}$$

或者，通分得到

$$\frac{47}{100}$$

我们可以用 9.2 节中引入的符号来表述．设随机选择一名学生是右撇子的事件是 R，是左撇子的事件是 L，于是可得

$$P(R) = \frac{4}{5}, \ P(L) = \frac{1}{5}$$

类似地，设随机选择一名学生是特蕾茜的支持者的事件是 T，这名学生投票给保罗的事件是 P．如问题所述，民意调查结果显示 75％的左撇子支持特蕾茜，换句话说，

$$P(T \mid L) = \frac{3}{4}, \ P(P \mid L) = \frac{1}{4}$$

同样，问题中说明只有 40％的右撇子支持特蕾茜，可以写为

$$P(T \mid R) = \frac{2}{5}, \ P(P \mid R) = \frac{3}{5}$$

根据上面的公式，作为 9.2 节中一般公式的应用，我们可以计算随机选择一名学生投票给特蕾茜的概率 $P(T)$ 为

$$P(T) = P(L) \cdot P(T \mid L) + P(R) \cdot P(T \mid R)$$
$$= \frac{1}{5} \cdot \frac{3}{4} + \frac{4}{5} \cdot \frac{2}{5}$$
$$= \frac{47}{100}$$

问题 9.4.1　假设左撇子占总人数的 40％而不是 20％．并且设特蕾茜和保罗在每个团体中的支持率都和以前一样，那么现在谁

会赢得选举?

解 与初始的版本一样,我们首先计算出 4 种类型占所有选民的比例:左撇子且是特蕾茜的支持者,左撇子且是保罗的支持者,右撇子且是特蕾茜的支持者和右撇子且是保罗的支持者. 用同样的方法来计算:例如,我们知道 40% 的人是左撇子,且其中的 3/4 是特蕾茜的支持者,所以支持特蕾茜的左撇子占总人数的

$$\frac{3}{4} \cdot \frac{40}{100} = \frac{30}{100}$$

左撇子且支持保罗的选民占总人数的

$$\frac{1}{4} \cdot \frac{40}{100} = \frac{10}{100}$$

类似地,占总人数 60% 的右撇子被分为支持特蕾茜的

$$\frac{2}{5} \cdot \frac{60}{100} = \frac{24}{100}$$

和支持保罗的

$$\frac{3}{5} \cdot \frac{60}{100} = \frac{36}{100}$$

像之前一样,把这些结果放入表 9-1 中,我们有

表 9-1

	特蕾茜	保罗
左撇子	$\frac{30}{100}$	$\frac{10}{100}$
右撇子	$\frac{24}{100}$	$\frac{36}{100}$
总计	$\frac{54}{100}$	$\frac{46}{100}$

把每一列加起来，我们发现特蕾茜现在有 54% 的选票，保罗有 46% 的选票——这表明如果对你支持的人群足够多，那么你赢得选举的可能性会非常大．■

习题 9.4.2 在上面描述的选举中，判断下列事件是正相关的、负相关的还是独立的．

1. 一个选民是左撇子与支持特蕾茜．

2. 一个选民是右撇子与支持特蕾茜．

3. 一个选民是左撇子与支持保罗．

4. 一个选民是右撇子与支持保罗．

9.5　贝叶斯定理

我们想进一步研究上一个选举的例子（如 9.4 节开头所述），并梳理出其中所涉及的概率之间的关系．首先，有如下两个问题：

问题 9.5.1 假设你在一个自助餐厅，观察到坐在对面的人用左手拿勺子，并以此推断出她是左撇子．那么她支持特蕾茜的概率有多大？

解 假设只有左撇子用左手拿勺子吃饭，为了回答这个问题，我们只需重新回顾这个问题，即 75% 的左撇子支持特蕾茜．但现在：

问题 9.5.2 假设你在一个自助餐厅，发现坐在对面的人带着一个印有"我 ♥ 特蕾茜"的徽章．那么她是左撇子的概率有多大？

解 好吧，这个问题需要想一下．但在此之前，我们想指出的是，刚才提出的两个问题并不是同一个问题！这绝对是人们在估计概率时最常犯的错误之一：假设问题 9.5.1 和 9.5.2 的答案一样⊖．这完全是一个可以原谅的错误，因为它在某种程度上是有意义的：在其他条件相同的情况下，左撇子群体和特蕾茜的支持者重叠程度越大，一个群体的成员就越有可能也是另一个群体的成员．但这一般是不正确的．从这个例子开始，我们会看到很多这样的例子，并看到该如何更正它．

回到我们的问题上来．根据之前的计算，预计 100 人中有 47 人支持特蕾茜．其中有多少是左撇子呢？已经在上表中计算出来了，但需要提醒你：在 100 人中，预计有 20 人是左撇子，其中的 3/4（即 15 人）支持特蕾茜．所以随机选取一个特蕾茜的支持者是左撇子的概率为

$$\frac{15}{47} \approx 0.32$$

小于 1/3，这比问题 1 的答案小得多！

事实上，这些概率之间的关系都可从前面的表中读出，我们再将其列在表 9-2 中．

⊖ 当我们在 2012 年写这本书的时候，想看看能否在那周的报纸上找到一个例子．这花了 5 分钟的时间：一位在线专栏作家在哀叹达拉斯牛仔队 1-4 的战绩时写道："只有 4% 的季后赛球队在赛季以 1-4 开始，这意味着牛仔队只有 1/25 的概率进入季后赛．"不，不，不！我们将在下面的问题 9.5.3 中更详细地讨论这个问题，了解该如何更正这个专栏作家的错误．

表 9-2

	特蕾茜	保罗	总计
左撇子	$\frac{1}{5} \cdot \frac{3}{4} = \frac{15}{100}$	$\frac{1}{5} \cdot \frac{1}{4} = \frac{5}{100}$	$\frac{20}{100}$
右撇子	$\frac{4}{5} \cdot \frac{2}{5} = \frac{32}{100}$	$\frac{4}{5} \cdot \frac{3}{5} = \frac{48}{100}$	$\frac{80}{100}$
总计	$\frac{47}{100}$	$\frac{53}{100}$	

现在我们删除所有的 $\frac{1}{100}$，只给出随机 100 名学生中每种类型的预期数量，得到表 9-3.

表 9-3

	特蕾茜	保罗	总计
左撇子	15	5	20
右撇子	32	48	80
总计	47	53	

注意表格中间 2×2 的区域. 问题 1 是问："第一行所有人中有多少属于第一个框？"问题 2 是问："第一列所有人中有多少属于第一个框？"关键点是，第一个框中的人数在这两种情况下是相同的，即都是 15 人，我们只是用不同的数来划分，问题 1 是用第一行的 20 人来划分，问题 2 是用第一列的 47 人来划分. 那么结论是，由于这两个数的比值不同，因此问题 1 和问题 2 的答案是有所不同的：用数字表达，

$$\frac{15}{47} = \frac{15}{20} \cdot \frac{20}{47}$$

上面的数表示随机选择一名学生是特蕾茜支持者的概率与她是左

撇子的概率之比.

问题 1 和问题 2 的答案之间的关系是贝叶斯定理的一种特殊情形, 这是概率论中的一个重要发现.

基本情形是, 我们有一个总体——一系列掷骰子或硬币的结果, 或者随机学生的选取, 这个群体用两种方法被区分: 每个结果要么属于 A 要么属于 B, 每个人要么在 M 要么在 N. 假设 A 的元素数量与总数量的比例为 $P(A)$, 即, 在所有元素中随机选取一个属于 A 的概率是 $P(A)$, 类似地, 设 M 的元素数量与总数量的比例为 $P(M)$.

假设我们现在想要知道一个随机选择的结果同时属于 A 和 M 的概率, 即想计算概率 $P(A \bigcap M)$. 那么有两种计算方法: 第一个方法是用公式

$$P(A \bigcap M) = P(M) \cdot P(A \mid M)$$

但由于 $P(A \bigcap M)$ 和 $P(M \bigcap A)$ 是相等的, 于是

$$P(A \bigcap M) = P(A) \cdot P(M \mid A)$$

令其相等, 我们就得到了贝叶斯定理:

给定一个可能发生的结果为 A 和 B 的随机试验和另外一个可能发生的结果为 M 和 N 的随机试验, 则

$$P(A \bigcap M) = P(A) \cdot P(M \mid A) = P(M) \cdot P(A \mid M)$$

因此

$$P(M \mid A) = P(A \mid M) \cdot \frac{P(M)}{P(A)}$$

也就是说, 一个从 A 中随机选择的元素也属于 M 的概率等于

一个从 M 中随机选择的元素也属于 A 的概率乘以 $P(M)/P(A)$
（图 9-1）.

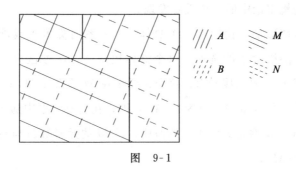

图 9-1

问题 9.5.3 让我们回顾上个脚注中提到的达拉斯牛仔队和他
们 1-4 的战绩，看看该如何更正专栏作家所犯下的错误. 首
先，总体是所有的球队，其中"队伍"是指一特定年份的球
队，比如 1997 年的海豚队，或是 2004 年的拍子队. M 是进入
季后赛的球队，N 是未进入季后赛的球队. 类似地，A 是以
1-4 开局的球队，B 是不以此开局的球队. 专栏作家声称"在
所有进入季后赛的球队中，只有 4% 以 1-4 开局"，换句话说

$$P(A \mid M) = \frac{4}{100} = \frac{1}{25}$$

假设这是正确的. 现在的问题是，一支以 1-4 开局的球队进
入季后赛的概率是多少，即 $P(M \mid A)$ 等于多少？同样，这个不等于
专栏作家认为的 $P(A \mid M)$，但贝叶斯会帮助我们更正这个问题.

为了应用贝叶斯定理，我们需要 $P(M)$ 和 $P(A)$ 的信息，即一
支随机的球队进入季后赛的概率，以及一支随机的球队以 1-4 开
局的概率，并且这些概率是可以估计的. 首先，每年（在目前的

赛制下）32 支 NFL 球队中有 12 支球队进入季后赛，所以一支随机的球队进入季后赛的概率是

$$P(M) = \frac{12}{32} = \frac{3}{8} = 0.375$$

我们不知道所有球队中有多少以 1-4 开局. 如果每场比赛的结果都是由掷硬币来决定，那么一支球队在前五场比赛中只获胜一场的概率是

$$P(A) = \frac{\binom{5}{1}}{2^5} = \frac{5}{32} \approx 0.156$$

实际的比例可能稍微高一点，因为比赛并不是由掷硬币来决定的. 由于队伍水平有高有低，一个已经以 1-3 开局的队伍的水平有可能较差，因此更有可能是 1-4 而不是 2-3. 但可能也不会差得太远，我们先用其来代替.

所有条件给定之后，贝叶斯为专栏作家的错误提供了改正方法：一支已经 1-4 输球的球队（即 A 中的队伍）进入季后赛（即 M 中的队伍）的概率等于进入季后赛的球队（M 中的队伍）以 1-4 开局（A 中的队伍）的概率乘以比值 $P(M)/P(A) = 0.375/0.156 = 2.4$. 假设专栏作家的第一个陈述（即进入季后赛的球队中以 1-4 开局的概率是 0.04）是正确的，那么以 1-4 开局的球队进入季后赛的概率必须是

$$0.04 \times 2.4 = 0.096$$

或差不多 1/10！毕竟，牛仔队并没有这么糟⊖。 ∎

⊖ 事实上，他们的确很糟糕，但那不是重点.

在本节结束前，我们简要介绍一下相关性和独立性．回顾 9.3 节，我们称事件 M 与事件 A 是正相关的，如果

$$P(M \mid A) > P(M)$$

即已知 A 发生的条件下，M 更有可能发生．尽管在当时并不一定是显然的，但由贝叶斯定理可以立即得到这是一个对称关系．如果已知 M 发生的条件下 A 更有可能发生，那么已知 A 发生的条件下，M 更有可能发生．为了验证这一点，只需简单地将贝叶斯定理的两边除以乘积 $P(A)P(M)$，即得

$$\frac{P(A \mid M)}{P(A)} = \frac{P(M \mid A)}{P(M)}$$

等式右边大于 1，即 M 与 A 正相关．在这种情况下，等式左边也大于 1，即 A 与 M 也正相关．

这可能是人们经常错误地认为 $P(A \mid M)$ 和 $P(M \mid A)$ 相等的原因之一：他们混淆了定性表述（即 M 与 A 正相关当且仅当 A 与 M 正相关（正确））与定量表述（即 $P(A \mid M)$ 与 $P(M \mid A)$ 相等（错误，错误，错误!））．

习题 9.5.4　我们正在玩三副扑克，即从一副标准扑克中随机地连续发三张牌．

1. 拿到"一对"的概率是多少？
2. 假设你前两张牌的数字不同，那么现在得到"一对"的概率是多少？
3. 假设你的三张牌中有一个"对子"，那么在前两张牌就得到它的概率是多少？即前两张牌数字一样的概率是多少．

习题 9.5.5　你拥有一把非常好的雨伞，可以完全不让你被雨淋

到，但它也很重，所以你不喜欢每天都带着它．对于天气，你的运气不是太好．一周 7 天中的 5 天你都得带着伞，但剩下的两天你决定冒险一下把伞留在家里．当你带着伞时，只有 1/3 的时候会下雨，但当你没有带伞时，则有 5/6 的时候会下雨．

今天下雨了，你带伞的概率是多大？

习题 9.5.6　重新求解习题 9.3.4 和 9.3.5．

9.6　僵尸来袭

詹姆士镇的许多成年人都在采石场工作，因此任何时候，40％的成年人身上都沾满了泥土．同样，詹姆士镇 90％的僵尸身上也沾满了泥土，剩下 10％的僵尸已经设法清理干净了．总的来说，詹姆士镇 20％的人口是僵尸．问题如下：

问题 9.6.1　假设你在远处看到一个人影．你离得太远以至于不能分辨出他们是人还是僵尸，但却看到他们身上沾满了泥土．正接近你的是僵尸的概率有多大？你应该跑吗？

解　像往常一样，我们先从给各种可能出现的结果命名开始：用 H 表示远处人影是个人，用 Z 表示远处人影是僵尸．类似地，用 D 表示远处的人影沾满泥土，用 C 表示远处的人影是干净的．

题意告诉我们它们的概率分别为

$$P(D \mid H) = 40\%,\ P(D \mid Z) = 90\%$$

问题的关键是计算 $P(Z \mid D)$．为此，我们不得不使用贝叶斯定理．

我们知道詹姆士镇人口中 20% 是僵尸，所以可以利用这些信息来计算镇中任何一个个体是僵尸且沾满泥土的概率为

$$P(D \cap Z) = P(Z) \cdot P(D \mid Z) = \frac{1}{5} \cdot \frac{9}{10} = \frac{9}{50}$$

相似地，我们可以计算镇中任何一个个体是人且沾满泥土的概率为

$$P(D \cap H) = P(H) \cdot P(D \mid H) = \frac{4}{5} \cdot \frac{2}{5} = \frac{8}{25}$$

现在，应用 9.2 节中的条件概率公式，我们可以计算詹姆士镇任何居民沾满泥土的概率为

$$P(D) = P(D \cap Z) + P(D \cap H) = \frac{9}{50} + \frac{8}{25} = \frac{1}{2}$$

最后，我们应用贝叶斯定理来计算远处沾满泥土越来越近的人影是僵尸的概率的等价表述为

$$P(Z \mid D) = P(D \mid Z) \cdot \frac{P(Z)}{P(D)} = \frac{9}{10} \cdot \frac{\frac{1}{5}}{\frac{1}{2}} = \frac{9}{25}$$

即 36%，所以总的来说你活下来的机会不是很低. ■

问题 9.6.2　假设年收入超过 10 万美元的家庭中，75% 拥有 SUV，而年收入低于 10 万美元的家庭中只有 20% 拥有 SUV. 另外假设年收入超过 10 万美元的家庭占所有家庭的 1/5. 那么拥有 SUV 的家庭年收入超过 10 万美元的概率是多大？

解　像往常一样，我们首先计算出如下四种类别中每一种类别的家庭所占的比例：有 SUV 的富人，没有 SUV 的富人，等等.

根据题设，第一种类别占所有家庭的 20％的 3/4，即 15％；没有 SUV 的富人占所有家庭的 20％的 1/4，即 5％. 同时，在 80％的收入低于 10 万美元的家庭中，1/5（即所有家庭的 16％）有 SUV，而其他 4/5（即所有家庭的 64％）没有 SUV. 将上面的百分比值总结到我们熟悉的表 9-4 中.

表　9-4

	拥有 SUV	没有 SUV	总计
超过 10 万美元	15％	5％	20％
不到 10 万美元	16％	64％	80％
总计	31％	69％	

为了回答这个问题，我们看左边那列，"拥有 SUV"的下面，共有 31％的家庭拥有 SUV，其中 15％的家庭收入超过 10 万美元，16％的家庭收入低于 10 万美元. 刚才超过你拥有林肯领航员的那个家伙是富人的概率是 15/31，略低于一半. 因此，尽管富人拥有 SUV 的概率很高（至少在这个问题中是 75％），但拥有 SUV 的人是富人的概率却小于一半.　■

现在试着计算下面的问题：

习题 9.6.3　在收入最高的 1％的美国家庭中，15％的家庭在新西兰拥有一套别墅（估计在僵尸来袭时，他们也许可以幸存下来）. 在剩下的 99％的家庭中，2％的家庭在新西兰拥有一套别墅.（我们并不清楚真实情况，这些数字完全是捏造出来的.）在新西兰拥有别墅的美国人的收入在前 1％的概率是多少？

9.7 德州扑克

坦白地说，能让我们抛开其他事情（甚至是蹩脚的单词问题）而聚在一起的事情就是下面将要介绍的扑克游戏．与我们目前的计算相关的抽扑克游戏已经过时了，取而代之的首先是梭哈扑克游戏，然后是德州扑克．幸运的是，德州扑克提供了一些有用的关于条件概率的例子．我们首先回顾一下扑克游戏作为热身，然后在本节中介绍这种扑克游戏的各种变形玩法．

问题 9.7.1 假设我们正在玩三张牌扑克，那么

1. 拿到"一对"牌（即两张牌面的数字相同）的概率是多少？

2. 如果前两张牌面的数字不同，那么拿到"一对"的概率是多少？

3. 假设三张牌里有一个"对子"，那么你在前两张牌就得到它的概率是多少？即前两张牌的牌面数字相同的概率是多少？

解 问题是标准的，我们在之前已经提问过了．事实上，拿到牌的顺序很重要，为了计算这个问题，我们把拿到的三张牌看成是一个序列，而不是一个集合．因此有 $52 \cdot 51 \cdot 50 = 132\ 600$ 种可能的结果，且概率相等．没有"对子"的情况很容易计算：第一张牌有 52 种选择，第二张牌有 48 张选择，第三张牌有 44 种选择，共有 $52 \cdot 48 \cdot 44 = 109\ 824$ 种情况没有"对子"．因此，

有"一对"的情况有 132 600－109 824＝22 776 种，相应地，有"一对"的概率为

$$\frac{22\ 776}{132\ 600} \approx 0.17$$

第二个问题比较简单：如果前两张牌的数字不同，为了得到"一对"，第三张牌必须是这副牌中剩下的与前两张牌相同的六张牌中的一张．因为还剩下 50 张牌，所以我们拿到"一对"的概率是

$$\frac{6}{50} \approx 0.12$$

换句话说，正如我们所预料到的，如果前两张牌没拿到"一对"的话，那么拿到"对子"的概率则要小一点．

最后的问题是：在有"一对"牌的情况下，前两张牌拿到"一对"的情况占多少？同样，可以直接计算：为了使前两张牌得到"一对"，第一张牌有 52 种选择，第二张牌有 3 种选择，最后的第三张牌可以是剩余 50 张牌的任意一张．故这种情况共有 52·3·50＝7800 种．因此，如果 3 张牌中有"一对"，那么在前两张牌就拿到"一对"的概率为

$$\frac{7800}{22\ 776} \approx 0.34$$

在许多扑克玩法中，每个玩家可以使用 7 张牌而非 5 张牌，可以从得到的 7 张牌中抽取最好的 5 张牌．这类扑克玩法的例子包括七牌梭哈扑克和德州扑克，我们将分析后者，因此先从一些相关赔率的计算开始．你希望平均情况会好些，一会儿我们就会看到有多少种可能的情况．

第二部分 概　率

例如：在 7 张扑克牌中拿到"同花"的概率是多少？也就是说，从一副标准的有 52 张牌的扑克中抽取 7 张，在所有的 $\binom{52}{7}$ 种可能性中，有多少种情况包含 5 张同一花色的牌？这是我们知道如何计算的，虽然这比 5 张牌的版本稍微复杂一些.

首先，如果要得到 5 张牌是同一花色的，就要选择 5 张牌的花色是什么. 有 4 种选择，假设是黑桃. 那么手中的 7 张牌中有 5 张、6 张或 7 张是黑桃，于是需要计算每种情形的可能次数.

- 有 7 张黑桃的情形是从一副牌中的 13 张黑桃中抽取 7 张黑桃的情形，即

$$\binom{13}{7} = 1716$$

- 手中正好有 6 张黑桃，我们必须先从 13 张黑桃中指定 6 张，再从这副牌剩下的 39 张非黑桃牌中挑选一张，因此这种情形的可能数为

$$\binom{13}{6} \times 39 = 66\ 924$$

- 同样，正好有五张黑桃的情形，我们必须先从 13 张黑桃中指定五张，再从这副牌剩下的 39 张非黑桃牌中挑选两张，这种情形的可能数为

$$\binom{13}{5} \times \binom{39}{2} = 1287 \times 741 = 953\ 667$$

因此至少有五张黑桃的情形数为

$$953\ 667 + 66\ 924 + 1716 = 1\ 022\ 307$$

至少有五张是同一花色的情形数为上式乘以 4，即 4 089 228.

因为七张牌的所有可能性的数量为

$$\binom{52}{7} = 133\ 784\ 560$$

所以拿到同花的概率是

$$\frac{4\ 089\ 228}{133\ 784\ 560} \approx 0.0306$$

换言之，100 次中大约有 3 次．正如所料，7 张牌拿到同花远比五张牌时更频繁，5 张牌 500 次大约只有一次拿到同花．

　　最后，德州扑克的玩法如下：每个玩家有两张正面朝下的牌，只有玩家自己知道是什么．在中间有正面朝下的 5 张牌，没人知道是什么．最后，玩家将从自己的两张牌加上中间的 5 张牌（所有玩家均可使用）中选出最好的 5 张牌．

　　赌局是这样进行的：先下一轮赌注，然后中间 5 张牌中的 3 张翻过来．再下一轮赌注，再翻一张；再下一轮赌注，再翻一张；再下一轮赌注，最后剩下的玩家揭晓自己的牌并决定赢家．我们提到所有的赌注并不是对扑克的下注机制感兴趣，人生苦短，而是要在每一阶段的不完全信息的基础上，评估手中牌的潜力，计算拿到三张、同花或其他牌的概率．换句话说，我们知道一些能用的牌，但不是全部．这些额外的信息会如何影响概率？

　　为了说明这一点，假设我们坐在桌子旁边，牌已经发好了．在看牌之前，我们不知道自己的牌和桌子中间的牌，拿到同花的概率正如刚才计算的，大约是 1/33．现在，假设我们看了自己的两张牌，发现是同一花色，比方说红桃．那么拿到同花的概率是多大？如果我们看到自己的两张牌花色不同，此时拿到同花的概率是多大？

让我们先来处理两张红桃时的情形. 桌子中间的五张牌是从这副牌中除了你看到的两张以外剩余的 50 张里随机抽取的. 问题是在所有可能出现的 $\binom{50}{5} = 2\,118\,760$ 种情形中, 有多少种会与我们的两张牌组合成一副同花?

有两种可能发生的情形: 中间的牌包含 3 张或更多的红桃, 或者所有的五张牌都属于其他 3 种花色. (正如我们将看到的, 最后一种情形是极不可能的, 无论如何, 都应该区别对待: 在那种情形下, 在座的每个人都会有同花.) 对于前者, 我们问三个问题:

- 5 张牌中恰好有 3 张是红桃的情形有多少种? 好吧, 我们必须从这副牌中剩下的 11 张红桃中选出 3 张红桃, 共 $\binom{11}{3} = 165$ 选择. 然后要从剩下的 39 张不是红桃的牌中选出 2 张, 共 $\binom{39}{2} = 741$ 种选择. 因此中间的 5 张牌总共有

$$\binom{11}{3}\binom{39}{2} = 165 \times 741 = 122\,265$$

  种选法.

- 5 张牌中恰好有 4 张是红桃的情形有多少种? 类似地有: 我们从 11 张红桃中选出 4 张, 再从 39 张中选出一张, 总共有

$$\binom{11}{4}\binom{39}{1} = 330 \times 39 = 12\,870$$

  种选法.

- 最后, 5 张牌全是红桃有多少种情形? 这是最简单的, 是

$$\binom{11}{5} = 462$$

最后，中间的牌有可能都是除了红桃的其他 3 种花色，共有

$$3 \times \binom{13}{5} = 3 \times 1287 = 3861$$

种可能. 全加起来，中间的牌在所有的 $\binom{50}{5} = 2\ 118\ 760$ 种

可能的选择中，有

$$122\ 265 + 12\ 870 + 462 + 3861 = 139\ 458$$

种可能使你得到同花. 相应地，你得到同花的概率是

$$\frac{139\ 458}{2\ 118\ 760} \approx 0.065\ 82$$

或大约 1/15. 换句话说，有两张花色相同的牌后得到同花的概率
比直接抽到同花的概率的 2 倍多一点.

接着来看如果你的两张牌不是同一花色时的情形，例如你有
一张红桃和一张黑桃. 如你所料，得到同花的概率现在少了一些.
让我们看看少了多少.

同样，只需数数从剩下的 50 张牌中选取 5 张，加上我们的 2
张牌可以得到同花的可能选法. 与之前一样，有几种方法可以做
到：中间的牌包含 4 张红桃或者黑桃；或者都是梅花或方块. 恰好
有 4 张红桃的选法有

$$\binom{12}{4}\binom{38}{1} = 495 \times 38 = 18\ 810$$

种（记住在这副牌剩下的 50 张里有 12 张红桃和 38 张不是红桃）；
有 5 张红桃的选法有

$$\binom{12}{5} = 792$$

种，所以有

$$18\,810 + 792 = 19\,602$$

种选法可以得到红桃同花，用同样数量的方法可得到黑桃同花．
中间的 5 张牌全是梅花的选法有

$$\binom{13}{5} = 1287$$

种（像之前计算的那样），方块类似可得．全加起来，那么中间的
5 张牌可以让我们拿到同花的选法共有

$$2 \times 19\,602 + 2 \times 1287 = 41\,778$$

相应地，得到同花的概率是

$$\frac{41\,778}{2\,118\,760} \sim 0.019\,72$$

或者大约 1/50.

习题 9.7.2　在德州扑克游戏中，两张牌是专门发给你的，桌上的
5 张牌供所有玩家使用．你可以从 7 张牌中选取最好的 5 张来
做一手牌．假设你的 2 张牌点数不同．你能在 7 张牌中得到 4
张点数一样牌的概率是多少？

习题 9.7.3　在德州扑克中，假设桌上五张牌中有一个葫芦．你手
中的 2 张牌可以使得你的牌比桌上的 5 张牌更好的概率是
多少？

第 10 章

生活中充满着不公平的硬币和骰子

假如你正在当地一个酒吧中喝着提神饮料，这时你旁边的人向你提议玩一个掷硬币的游戏．每一次掷出硬币后，如果出现"正面"，你要支付他 1 美元；反之，如果出现"反面"，他会支付你 1 美元．你接受了这个提议（也许你已经喝了太多的提神饮料），但是事情逐渐变得可疑：因为在前 10 次掷硬币中有 7 次都是出现"正面"．那么，这枚硬币是不是被动了手脚呢？

实际上这是一个刁钻的问题：正如在后面的讨论中所看到的，你会发现我们并没有足够的信息来回答它．但这将是我们之后讨论的一个出发点，后面会研究在随机试验可能结果的发生是非等概率的情况下随机试验（如多次掷硬币、掷骰子等类似的试验）的概率问题．

10.1 不公平的硬币

在最初讨论一系列重复掷硬币这一随机试验的概率问题时，

我们进行了以下两个基本假设：

- 每一次掷硬币都是相互独立的事件（与其他次掷硬币的结果无关，每一次掷硬币中出现"正面"（或"反面"）的概率都是相同的）；
- 硬币是"公平"的：每一次掷硬币中，出现"正面"的概率都是 $1/2$.

在这些假设下，连续掷 n 次硬币共有 2^n 种等概率的可能发生的结果，即每一种结果出现的概率都是 $1/2^n$. 例如，连续掷 n 次硬币恰好出现 k 次"正面"的概率是

$$\frac{\binom{n}{k}}{2^n}$$

这正是我们 5.1 节中给出的公式.

现在我们来修改第二个基本假设：如果硬币是"不公平"的呢？具体来说，假设每一次掷硬币，出现"正面"的概率是 p，那么出现"反面"的概率是 $q = 1 - p$，注意这里并不要求 $p = q = 1/2$. 那么我们还能够计算出 n 次掷硬币中恰好出现 k 次"正面"的概率吗？

回答是肯定的. 但是在此之前，我们必须要指出在掷硬币的讨论中使用"不公平"这个词是不恰当的. 事实上，我们将要讨论的内容具有更加广泛的适用性，即独立重复进行一系列只有两种可能发生结果的随机试验. 因此，我们将以一个简单的彩票问题作为第一个例子. 购买这种彩票只有两种可能发生的结果：中奖或未中奖.

塞缪尔·佩皮斯曾经问过艾萨克·牛顿这样一个问题（或者

是类似的问题)——如果一张彩票中奖的概率是 $\frac{1}{6}$, 那么以下哪

种情形发生的概率最大: 买了 6 张彩票后至少有 1 张中奖; 买了

12 张彩票后至少有 2 张中奖; 还是买了 18 张彩票后至少有 3 张

中奖?

我们将通过分别计算这三种情况发生的概率来回答佩皮斯的

问题. 首先从购买 6 张彩票的情况开始. 事实上, 后面要讨论的内

容不仅仅局限于解决佩皮斯的问题. 我们还将要计算在购买 6 张彩

票时, 每一种可能结果发生的概率.

现在, 假设购买了 6 张彩票, 我们可以用 6 个字母构成的有序

序列来表示所有可能发生的结果, 其中 W 表示中奖, L 表示未中

奖. 与连续掷 6 次硬币这一随机试验类似, 这共有 2^6 种可能发生

的结果. 但是与掷硬币不同的是, 这里可能结果的发生是非等概

率的. 假设每张彩票的结果都是相互独立的 (实际上, 如果购买

彩票的数量足够大的话, 它们的确是相互独立的事件), 那么 6 张

彩票都中奖的概率是

$$P(WWWWWW) = \left(\frac{1}{6}\right)^6$$

相反, 6 张彩票都未中奖的概率是

$$P(LLLLLL) = \left(\frac{5}{6}\right)^6$$

现在考虑一个稍微复杂一点的例子, 即最终出现的结果是

$LLWLWL$, 也就是说, 前两张彩票没有中奖, 第三张彩票中奖

了, 等等. 这种情况下, 第一张彩票没有中奖的概率是 5/6, 第

二张彩票没有中奖的概率也是 5/6, 第三张彩票中奖的概率是

第二部分 概　率

1/6，后面三种结果的讨论是类似的．最终，这种结果发生的概率就是

$$\frac{5}{6}\cdot\frac{5}{6}\cdot\frac{1}{6}\cdot\frac{5}{6}\cdot\frac{1}{6}\cdot\frac{5}{6}=\left(\frac{1}{6}\right)^2\left(\frac{5}{6}\right)^4$$

注意到这里指数 2 和 4 分别对应于 W 和 L 在字符序列中出现的次数．同理可得，最终的字符序列中有 k 个 W 和 $6-k$ 个 L 的概率为

$$P(W^kL^{6-k})=\left(\frac{1}{6}\right)^k\left(\frac{5}{6}\right)^{6-k}$$

其中"W^kL^{6-k}"可以表示任何一个包含 k 个 W 和 $6-k$ 个 L 的字符序列．更一般地，包含 a 个 W 和 b 个 L 的字符序列发生的概率是

$$P(W^aL^b)=\left(\frac{1}{6}\right)^a\left(\frac{5}{6}\right)^b$$

现在，6 张彩票都未中奖的概率是多少呢？按照我们前面的讨论，如果 6 张彩票都未中奖，那么字符序列一定是 LLLLLL，这种情况发生的概率是

$$P(6\text{ 张彩票都未中奖})=P(L^6)=\left(\frac{5}{6}\right)^6\approx0.335$$

只有 1 张彩票中奖，概率又是多少呢？好吧，共有 $\binom{6}{1}$ 种结果包含 5 个 L 和 1 个 W，每一种结果发生的概率都是 $(1/6)(5/6)^5$，所以仅有 1 张彩票中奖的概率是

$$P(6\text{ 张彩票中仅有 1 张中奖})=\binom{6}{1}\left(\frac{1}{6}\right)\left(\frac{5}{6}\right)^5\approx0.402$$

注意到这种情形发生的概率要比 6 张彩票都未中奖的概率高一些，

这是因为虽然每一个有 1 张中奖的结果发生的概率是 6 张都未中奖的概率的 1/5，但是总共有 6 种这样的可能结果，而不是 5 种．

类似地，每一个有 2 张中奖的结果发生的概率是 $(1/6)^2(5/6)^4$，共有 $\binom{6}{2}=15$ 种这样的结果，因此

$$P(6\ \text{张彩票中有 2 张中奖})=\binom{6}{2}\left(\frac{1}{6}\right)^2\left(\frac{5}{6}\right)^4\approx 0.201$$

同样，这是只有 1 张中奖的概率的 1/2 也是讲得通的：虽然每一个只有 2 张中奖的结果发生的概率是只有 1 张中奖的 1/5，但是可能的结果数 $\left(\binom{6}{2}=15\right)$ 却是只有 1 张中奖 $\left(\binom{6}{1}=6\right)$ 的 2.5 倍．

继续，计算出以下概率：

$$P(6\ \text{张彩票有 3 张中奖})=\binom{6}{3}\left(\frac{1}{6}\right)^3\left(\frac{5}{6}\right)^3\approx 0.054$$

$$P(6\ \text{张彩票有 4 张中奖})=\binom{6}{4}\left(\frac{1}{6}\right)^4\left(\frac{5}{6}\right)^2\approx 0.010$$

$$P(6\ \text{张彩票有 5 张中奖})=\binom{6}{5}\left(\frac{1}{6}\right)^5\left(\frac{5}{6}\right)\approx 0.0006$$

$$P(6\ \text{张彩票都中奖})=\left(\frac{1}{6}\right)^6\approx 0.000\,02$$

那么，6 张彩票中至少有 1 张中奖的概率是多少呢？这里显然需要使用一下减法原理：至少 1 张中奖的概率等于 1 减去没有中奖（即最终结果为 LLLLLL）的概率，也就是

$$P(LLLLLL)=\left(\frac{5}{6}\right)^6\approx 0.335$$

大约是 1/3. 那么至少有 1 张中奖的概率为

$$P(6 \text{ 张彩票至少有 1 张中奖}) \approx 1 - 0.335 = 0.665$$

大约是 2/3.

细心的读者会发现，这里我们并没有使用那个漂亮的公式 $P(W^a L^b) = (1/6)^a (5/6)^b$ 来求解. 不用担心，我们的努力不会白费，因为将用它来处理剩下的两种情况.

现在来考虑 12 张彩票的情况. 与之前的讨论类似，我们可以计算每一个可能结果发生的概率. 例如，没有中奖的概率是

$$P(12 \text{ 张彩票都没有中奖}) = P(L^{12}) = \left(\frac{5}{6}\right)^{12} \approx 0.112$$

类似地，共有 $\binom{12}{1} = 12$ 种有 1 张中奖的可能结果，所以

$$P(12 \text{ 张彩票有 1 张中奖}) = \binom{12}{1} \left(\frac{1}{6}\right) \left(\frac{5}{6}\right)^{11} \approx 0.269$$

有 2 张中奖的概率为

$$P(12 \text{ 张彩票有 2 张中奖}) = \binom{12}{2} \left(\frac{1}{6}\right)^{2} \left(\frac{5}{6}\right)^{10} \approx 0.296$$

再来计算最后一个. 有 3 张中奖的概率是

$$P(12 \text{ 张彩票有 3 张中奖}) = \binom{12}{3} \left(\frac{1}{6}\right)^{3} \left(\frac{5}{6}\right)^{9} \approx 0.197$$

不难发现，从这里开始，随着中奖彩票数的增加，概率会不断减小.

实际上并不需要最后两个计算来回答佩皮斯的问题. 至少 2 张中奖的概率就是 1 减去没有中奖和有 1 张中奖的概率，也就是

$$P(12 \text{ 张彩票至少有 2 张中奖}) \approx 1 - 0.112 - 0.269 = 0.619$$

比 6 张彩票中至少有 1 张中奖的概率略低一些.

至于 18 张彩票的情况，这里只计算必要的情形：没有中奖的概率是

$$P(18 \text{ 张彩票都未中奖}) = P(L^{18}) = \left(\frac{5}{6}\right)^{18} \approx 0.038$$

只有 1 张中奖的概率是

$$P(18 \text{ 张彩票有 1 张中奖}) = \binom{18}{1}\left(\frac{1}{6}\right)\left(\frac{5}{6}\right)^{17} \approx 0.135$$

只有 2 张中奖的概率是

$$P(18 \text{ 张彩票有 2 张中奖}) = \binom{18}{2}\left(\frac{1}{6}\right)^2\left(\frac{5}{6}\right)^{16} \approx 0.230$$

至少有 3 张中奖的概率为 1 减去上面情况的概率，即

$$P(18 \text{ 张彩票至少有 3 张中奖}) \approx 1 - 0.038 - 0.135 - 0.230$$
$$= 0.597$$

因此，佩皮斯问题的答案是，买 6 张彩票至少有 1 张中奖的概率最大.

习题 10.1.1　佩皮斯有一枚"不公平"的硬币，每次掷该硬币时，出现"正面"的概率是 1/6，出现"反面"的概率是 5/6.

1. 掷这枚硬币时，以下哪一种情形发生的概率最大：掷 6 次硬币出现 1 次"正面"，掷 12 次硬币出现 2 次"正面"，还是掷 18 次硬币出现 3 次"正面"？

2. 回忆一下，你之前在哪里遇到过这个问题？

习题 10.1.2　从理论上解释为什么在佩皮斯的彩票问题中，6 张彩票有 1 张中奖的概率要比 12 张中有 2 张中奖和 18 张中有 3 张中奖的概率大.

习题 10.1.3　假设你有一枚"公平"的硬币，即出现"正面"和

"反面"的概率都是 1/2，但是你想用它来模拟"不公平"硬币的情况，使得出现"正面"的概率是 1/4，出现"反面"的概率是 3/4. 你应该怎么做呢？

10.2　伯努利试验

此时，需要一些定义和更一般的公式来描述我们正在做的事情. 通常，假设我们研究的随机试验只有两个可能发生的结果，记为 A 和 B. 这可以是掷一次硬币，也可以是具有两个以上可能结果的随机试验，不过，我们总是把可能发生的结果分为 A 和 B 两类. 例如，在掷骰子的随机试验中，可以用 A 表示骰子点数为 6，B 表示骰子点数为其他数字. 假设 A 发生的概率是 p，B 发生的概率就是 $q=1-p$. 在掷一枚"公平"的硬币时，如果用 A 表示出现"正面"，B 表示出现"反面"，那么有 $p=q=1/2$，而在刚刚的掷骰子试验中，$p=1/6$，$q=5/6$.

如果将一个随机试验重复 n 次，那么可以用一个由 n 个字母（A 或 B）构成的有序字符序列来表示这 n 次随机试验的结果. 此外，假设这些随机试验是相互独立的，也就是每一次随机试验结果出现的概率都是相同的（即 $P(A)=p$，$P(B)=q$），并且与之前随机试验的结果无关.

这样一种重复进行的并且每次只有两种可能发生结果的随机试验被称为伯努利试验. 关于伯努利试验我们可以问很多问题：在 n 次重复试验中结果 A 恰好发生 k 次的概率是多少；A

或 B 最多连续出现多少次；下一节还要讨论的赌徒破产问题以及其他很多相关问题. 下面先聚焦第一个问题，也是最简单的一个问题.

　　事实上，我们对佩皮斯问题的讨论可以进一步推广. 例如，当 $n=7$ 时，试验结果为 $ABAABBB$ 的概率是多少呢？答案是

$$P(ABAABBB) = p \cdot q \cdot p \cdot p \cdot q \cdot q \cdot q = p^3 q^4$$

更一般地，任何一个包含 k 个 A 和 $l=n-k$ 个 B 的结果发生的概率是

$$P(A^k B^l) = p^k q^l$$

　　现在，所有可能的结果共有 2^n 个，其中恰好包含 k 个 A 和 l 个 B 的结果有 $\binom{n}{k}$（或 $\binom{n}{l}$）个，并且这 $\binom{n}{k}$ 个结果发生的概率都是相同的. 那么，在 n 次试验中结果 A 恰好出现 k 次的概率就是 $\binom{n}{k} p^k q^l$，我们把这个以后会经常用到的公式总结如下：

　　　若每一次随机试验中结果 A 出现的概率为 p，那么在 n 次重复试验中结果 A 恰好出现 k 次的概率为

$$P\,(A\ \text{恰好出现}\ k\ \text{次}) = \binom{n}{k} p^k\,(1-p)^{n-k}$$

问题 10.2.1　假设你正在玩一个共有 10 轮的"5 扑克"游戏（即每轮随机从 52 张扑克中抽取 5 张牌）. 那么，你恰好抽到 3 次黑桃 A 的概率是多少呢？

　　解　要回答这个问题，我们首先要知道每一轮中抽到黑桃 A

的概率 p. 这个并不难计算: 要从 52 张牌中随机抽取 5 张牌, 抽取的牌中包含黑桃 A 的概率是

$$P = \frac{5}{52}$$

现在, 在知道这个概率之后, 10 轮游戏中恰好抽到 3 次黑桃 A 的概率是多少呢? 我们可以使用刚刚总结的公式, 取 $n=10$, $k=3$, 不过这里还是得把思路重新理一遍. 每一轮游戏中, 用 A 表示抽到了黑桃 A, B 表示没有抽到. 那么恰好包含 3 个 A 和 7 个 B 的结果有 $\binom{10}{3} = 120$ 个, 并且在 10 轮游戏后, 每一个可能结果发生的概率都是

$$P(A^3 B^7) = \left(\frac{5}{52}\right)^3 \left(\frac{47}{52}\right)^7$$

所以, 10 轮游戏中恰好抽到 3 次黑桃 A 的概率为

$$120 \cdot \left(\frac{5}{52}\right)^3 \left(\frac{47}{52}\right)^7 \approx 0.0526$$

问题 10.2.2 假设你正在参加一场由 15 道题目组成的选择题考试, 每道题目有 5 个选项. 评分规则是: 每一道题目中, 如果你选择了正确的答案, 可以得到 4 分, 但是如果你选择了错误的答案, 就要扣掉 1 分. 如果你随机地回答所有的题目, 那么你最后的总分是负分的概率是多少? (注意: 0 不是负的.)

解 要解决的第一个问题就是至少要答错多少题最后才会得到一个负的总分. 这并不难计算: 如果你做错的题目数是正确题目数的 4 倍——15 道题中有 12 道是错的, 3 道是对的——就会得到零分. 因此, 要想得到负分, 你至多只能做对 3 道题.

也就是说，我们必须计算出答对 0、1 或 2 道题目的概率．现在只需套用公式：试验总数为 $n=15$，每次试验的成功概率为 $1/5$，因此答对 0、1 或 2 道题目的概率分别为

$$P(\text{答对 0 道题目}) = \left(\frac{4}{5}\right)^{15} \approx 0.035$$

$$P(\text{答对 1 道题目}) = \binom{15}{1}\left(\frac{1}{5}\right)\left(\frac{4}{5}\right)^{14} \approx 0.132$$

$$P(\text{答对 2 道题目}) = \binom{15}{2}\left(\frac{1}{5}\right)^2\left(\frac{4}{5}\right)^{13} \approx 0.231$$

把这些概率加在一起，就得到了最后的总分为负的概率是

$$0.035 + 0.132 + 0.231 = 0.398$$

或大约 $2/5$．　　　　　　　　　　　　　　　　　　　　　　　　■

这个例子是基于一个真实的事件：我们的一个室友在多变量计算的期中考试和期末考试中都得到了负分．

伯努利试验还可以帮助我们计算掷"公平"或"不公平"骰子时最可能发生的结果．例如，假设你要掷 10 次骰子，那么恰好掷出一次 6 和恰好掷出两次 6，哪个更有可能发生呢？

现在，如果从直观上看这个问题，也许会认为在掷 10 次骰子中得到 6 的次数的平均数是 $10/6 \approx 1.667$．与 1.677 最接近的整数是 2，所以你猜测恰好掷出两次 6 的概率更大．正如我们将要看到的，这离答案很接近，但并不正确：如果我们用上面的公式来计算每种可能结果发生的概率，那么可以得到

$$P(\text{恰好掷出一次 6}) = \binom{10}{1}\left(\frac{1}{6}\right)\left(\frac{5}{6}\right)^9$$

$$P(\text{恰好掷出两次 6}) = \binom{10}{2}\left(\frac{1}{6}\right)^2\left(\frac{5}{6}\right)^8$$

现在，我们可以将它们计算出来，来比较哪一个更大．但事实上，如果比较上面两个表达式，可以不用拿出计算器就知道哪个更大．让我们这样考虑：比较表达式

$$\left(\frac{1}{6}\right)\left(\frac{5}{6}\right)^9 \quad \text{和} \quad \left(\frac{1}{6}\right)^2\left(\frac{5}{6}\right)^8$$

它们分别表示每一个恰好掷出一次 6 和两次 6 的可能结果发生的概率，我们会发现后者实际上是前者的 $\frac{1}{5}$：可以把左边表达式中的一个 5/6 拆成 5 乘以 1/6. 另一方面，掷出两次 6 的可能结果数要比掷出一次 6 的多，分别是

$$\binom{10}{1} = 10 \quad \text{和} \quad \binom{10}{2} = 45$$

因此，要计算 P（恰好掷出 2 次 6）$/P$（恰好掷出 1 次 6），得先计算 $45/10 = 4.5$，然后再除以 5，最后发现 P（恰好掷出 2 次 6）要比 P（恰好掷出 1 次 6）小一些．

以这个例子为模型，我们来分析一下一般情形：要进行 n 次伯努利试验，每次试验有 A 和 B 两个可能发生的结果，发生的概率分别为 p 和 $q = 1 - p$，那么结果 A 最有可能出现多少次——k 取何值时，

$$P(A \text{ 恰好出现 } k \text{ 次}) = \binom{n}{k} p^k q^{n-k}$$

最大？

为了解决这个问题，我们使用在之前例子中使用的方法：比较当 k 取值为 0 到 n 之间的正整数时，$\binom{n}{k} p^k (1-p)^{n-k}$ 的大小．先从比较 $k=0$ 和 $k=1$ 的情况开始，即

$$P(A \text{ 未出现}) = \binom{n}{0} q^n$$

$$P(A \text{ 恰好出现 } 1 \text{ 次}) = \binom{n}{1} pq^{n-1}$$

二项式系数 $\binom{n}{1} = n$ 是二项式系数 $\binom{n}{0} = 1$ 的 n 倍. 另一方面，$p \cdot q^{n-1}$ 是 q^n 的 p/q 倍. 因此，如果 p/q 大于 $1/n$，那么 P（A 未发生）就要比 P（A 恰好发生 1 次）小，反之亦然.

类似地，下面比较

$$P(A \text{ 恰好发生 } k \text{ 次}) = \binom{n}{k} p^k q^{n-k}$$

和

$$P(A \text{ 恰好发生 } k+1 \text{ 次}) = \binom{n}{k+1} p^{k+1} q^{n-k-1}$$

和之前一样，第二个表达式的后半部分——$p^{k+1} q^{n-k-1}$——是第一个表达式相应部分的 p/q 倍. 另一方面，如果比较二项式系数

$$\binom{n}{k} = \frac{n!}{k!(n-k)!} \quad \text{和} \quad \binom{n}{k+1} = \frac{n!}{(k+1)!(n-k-1)!}$$

会发现后者是可以由前者变换得到的，将 $k!$ 变为 $(k+1)!$ ——要除以 $(k+1)$，同样把 $(n-k)!$ 变为 $(n-k-1)!$ ——要乘以 $(n-k)$. 那么总结如下：

$$\binom{n}{k+1} = \frac{n-k}{k+1} \binom{n}{k}$$

结合这些系数，可以得到如果 q/p 小于 $(n-k)/(k+1)$，那么 P（A 恰好发生 $k+1$ 次）要大于 P（A 恰好发生 k 次），反之亦然.

这里用了太多的字母. 为了得到一个直观的感受，可以将它

表达如下：在 n 次伯努利试验中，每次获胜的概率为 p，恰好获胜 k 次的概率会随着 k 的增加而增加，直到 $(n-k)/(k+1)$ 小于 $(1-p)/p$，从这里开始恰好获胜 k 次的概率会随着 k 的增加而减小．最有可能出现的获胜次数 k 是最接近 n 次试验的期望值 np 的两个整数中的一个．

这个问题要比上面考虑的例子更难一些，因为必须先计算出单个事件的概率．

习题 10.2.3

1. 随机抽取的 5 张牌中包含 A 的概率是多少？

2. 在 7 轮扑克游戏中，恰好有 5 轮抽到 A 的概率是多少？

习题 10.2.4 "黑桃"是一种四人扑克游戏，共有 52 张牌，每人被随机分到 13 张牌（黑桃是王，黑桃 A 是最大的）

1. 在 10 轮 "黑桃" 游戏中，恰好抽到 1 次 "黑桃 A" 的概率是多少？

2. 这个与在 10 轮 "5 牌" 游戏中恰好抽到 1 张 "黑桃 A" 的概率相比，哪个概率更大？

习题 10.2.5 假设佩皮斯制作了一枚特殊的六面骰子，掷出 1 或 2 的概率是 $1/4$，掷出 3 的概率是 $1/6$，掷出 4、5 或 6 的概率是 $1/9$．

1. 检验这些概率的总和是否为 1．

2. 掷 10 次骰子后，恰好有一半骰子出现 4、5 或 6 的概率是多少？

3. 掷 10 次骰子后，至少有一半骰子出现 4、5 或 6 的概率是多少?

习题 10.2.6　假设内森和卡尔在玩掷骰子的游戏:他们掷一个骰子,如果得到 6,内森付给卡尔 5 美元,如果没有得到 6,卡尔付给内森 1 美元. 假设他们玩了 11 次,那么内森最后领先的概率是多少?

10.3　赌徒破产问题

下面介绍经典的赌徒破产问题:假设在赌场玩轮盘赌游戏,你有 1000 美元,并决定要一直玩下去,直到赚到 2000 美元或者破产.

你的方案相对比较单一:你总是下注黑色区域. 也就是说,你只决定每一轮下多少赌金:如果转到黑色区域,你就赢取等量的赌金;如果没有转到黑色区域,你会失去你的赌金. 这个赌场的轮盘大约有 48% 的情况都转到了黑色区域.

当你坐到赌桌前,想到两种可能的策略. 一种是每次下注 1000 美元,另一种更保守:每次下注 1 美元. 哪种策略让你更有可能拿到 2000 美元呢? 我们知道,如果你把所有的钱都押在一个转盘上,你赢的概率是 48%. 如果你每次下注 1 美元,最终获得 2000 美元的概率是多少? 破产的概率又是多少呢?

这就是赌徒破产问题,或在交易中称之为具有吸收边界的随机游走. 越古怪的名字说明你可能越难解决它. 但是我们不妨先坐下来猜测一下:成功的概率是多少? 这里还需要进一步的分析才能得到答案，所以可以先把你的答案记下来．

到目前为止，我们都是先从实例开始引入新的想法和技巧，然后再到一般情况．但在这里是行不通的：即使是相对简单的赌徒破产问题——只有几美元的赌金——实际上也是很复杂的．

事实上，这只是一个个例，在数学中并不常见，在这里直接考虑一般情况反而更容易解决．所以，我们会拿走你的 1000 美元，给你 a 美元，你会一直玩到有 b 美元，或者破产（这一点不会改变）．黑色区域出现的概率不再是 48%，用 p 表示，这里 $p < 1/2$．但是，你每次仍然下注 1 美元．那么最后获得 b 美元的概率——记为 $P(a)$，因为，我们马上就会发现，这个概率在很大程度上依赖于开始的赌金数额 a——是多少呢？

让我们从最简单的情形开始：如果你破产了——$a=0$——那么游戏结束了，因为你已经破产了，所以 $P(0)=0$．同样，如果 $a=b$——开始的赌金就是 b 美元——那么你已经赢了，所以 $P(b)=1$．如果 a 取值在 1 到 $b-1$ 之间呢？当然，我们不知道第一次下注的结果——第一次是否停在黑色区域．但条件概率可以帮助我们处理这种不确定性．第一次转盘游戏有两种可能结果：

- 转盘停在黑色区域的概率为 p，这种情况下我们现在有 $a+1$ 美元．最终成功的概率是 $P(a+1)$．

- 另一种情况发生的概率为 $q=1-p$，即我们输掉了最初的赌注．在这种情况下，我们的赌注变为 $a-1$ 美元，最终成功的概率为 $P(a-1)$．

仔细想想，这正是适用于条件概率的情况：我们不知道第一

次转盘游戏的结果是什么，但是知道每个可能结果发生的概率．应用 9.2 节条件概率的公式，可以得到

$$P(a) = p \cdot P(a+1) + q \cdot P(a-1)$$

换句话说，如果初始的赌金为 a 美元，那么成功的概率 $P(a)$ 就是 $P(a+1)$ 和 $P(a-1)$ 的加权平均数．

总而言之，现在关于 $P(a)$ 已经有：$P(0) = 0$，$P(b) = 1$，并且对取值在两者之间的 a 有 $P(a) = p \cdot P(a+1) + (1-p) \cdot P(a-1)$. 现在我们要做的就是解出这 $a+1$ 个方程．幸运的是，这里有一个小技巧可以帮助到我们．先不考虑 $P(0) = 0$ 和 $P(b) = 1$，只考虑以下方程组的解：

$$P(a) = p \cdot P(a+1) + (1-p) \cdot P(a-1)$$

事实上，这些方程并不难求解：例如，$P(a) = 1$ 就满足这个方程组．另一种情况是

$$P(a) = \left(\frac{q}{p}\right)^a$$

检验一下：如果 $P(a) = (q/p)^a$，那么

$$p \cdot P(a+1) = p \cdot \left(\frac{q}{p}\right)^{a+1} = \frac{q^{a+1}}{p^a} = q \cdot \left(\frac{q}{p}\right)^a$$

类似地，有

$$q \cdot P(a-1) = q \cdot \left(\frac{q}{p}\right)^{a-1} = \frac{q^a}{p^{a-1}} = q \cdot \left(\frac{q}{p}\right)^a$$

并且，由于 $p+q=1$，所以当我们把它们相加，就得到

$$p \cdot P(a+1) + q \cdot P(a-1) = q \cdot \left(\frac{q}{p}\right)^a + q \cdot \left(\frac{q}{p}\right)^a$$

$$= \left(\frac{q}{p}\right)^a$$

$$= P(a)$$

即我们期望的结果．

更一般地，函数 $P(a)=1$ 和 $P(a)=(q/p)^a$ 的倍数以及它们的和也满足上面的方程组，所以我们现在要做的就是找出这两个函数的一个线性组合，使它满足 $P(0)=0$ 和 $P(b)=1$．这里不讨论求解的具体过程，直接给出答案：满足条件的线性组合是

$$P(a) = \frac{-1}{\left(\frac{q}{p}\right)^b - 1} - \frac{1}{\left(\frac{q}{p}\right)^b - 1} \cdot \left(\frac{q}{p}\right)^a$$

你可以自己检验一下．化简一下，可以把它写成

$$P(a) = \frac{\left(\frac{q}{p}\right)^a - 1}{\left(\frac{q}{p}\right)^b - 1}$$

最后，如果再引入一个字母，就可以把它写成更简洁的形式：记 $s=q/p$，即最后输掉这场赌博的概率和最终获胜的概率的比值．我们可以把答案写成：

$$P(a) = \frac{s^a - 1}{s^b - 1}$$

此即为赌徒破产问题中获胜的概率．

这个应用非常简单，它能够阐明拉斯维加斯的经营模式．在最初的经典赌徒破产问题中，我们从 1000 美元的赌注开始，所以 $a=1000$；我们一直玩到破产或有 2000 美元为止，所以 $b=2000$．每一轮获胜的概率是 48%，失败的概率是 52%，所以比值 $s=q/p$ 是

$$r = \frac{52}{48} = \frac{13}{12}$$

应用一般情况下的公式，最终获胜的概率为

$$\frac{\left(\frac{13}{12}\right)^{1000}-1}{\left(\frac{13}{12}\right)^{2000}-1}$$

拿出计算器——最好是具有科学记数法功能的计算器，因为类似于 $(13/12)^{2000}$ 这样的数字有很多位数——可以得到最终获胜的概率是

$$\frac{\left(\frac{13}{12}\right)^{1000}-1}{\left(\frac{13}{12}\right)^{2000}-1}\approx\frac{\left(\frac{13}{12}\right)^{1000}}{\left(\frac{13}{12}\right)^{2000}}$$

$$=\left(\frac{13}{12}\right)^{-1000}$$

$$\approx 0.000\ 000\ 000\ 000\ 000\ 000\ 000\ 000\ 000\ 000\ 000\ 017\ 3$$

用科学记数法表示就是 1.73×10^{-35}.

这么说吧：假设你在宇宙诞生之际就去了拉斯维加斯，并做了这样一个实验——每次从 1000 美元开始，每轮在黑色区域上下注 1 美元，直到你输光赌注或多赢了 1000 美元. 那么你很有可能没有一次能够赢到 2000 美元.

拉斯维加斯的经营之道就蕴含在这样一个简单的公式中，它甚至可以为你提供免费的食物和饮料，建造威尼斯宫殿风格的建筑. 你去那里玩轮盘赌，被告知那是少数几个能够提供公平游戏的地方之一. 你避开了所有明显的陷阱：你限制了你的赌金，并且提前决定，如果你赢到了一定的数额，就会选择离开. 你甚至决定采用保守的策略，每次只下注 1 美元. 你认为，毕竟有 48%

的概率获胜，其实你并没有．按照之前描述的那样玩，实际上，你根本没有机会获胜．

你可能会怀疑这个结论：毕竟，人们的确有时能够在拉斯维加斯赌赢，是吧？这当然是事实，这里的关键点是决定每次只赌 1 美元．毕竟，如果一次下注所有的赌金——1000 美元，并决定赌赢就离开，你确实有 48％ 的概率获胜．关键是，每次的赌注越小，你玩的时间就越长；你玩的时间越长，你输的概率就越大．换句话说，你的错误在于认为每次下注 1 美元是保守的策略：如果你真的想最大限度地提高获胜概率，就应该一次下注所有赌金！

为了更清楚地说明这一点，我们计算一些采用折中策略获胜的概率：

问题 10.3.1　假设你带了 1000 美元去拉斯维加斯玩轮盘赌，一直压黑色区域，直到你赢到 2000 美元或者输光．假设每一次轮盘赌获胜的概率都是 48％．那么采用以下策略时获胜的概率分别是多少：

1. 每次下注 10 美元；

2. 每次下注 100 美元；

3. 每次下注 250 美元．

解　为了使用一般情况下的公式，这里只需考虑"筹码"，而不是具体的"美元"．例如，如果你想一次下注 10 美元，便将 1000 美元的赌注转换成 100 个 10 美元的筹码，一次下注一个，直到输光筹码或有 200 个筹码．因此，在这种情况下，有 $a=100$，$A=200$，获胜的概率是

$$\frac{\left(\dfrac{13}{12}\right)^{100}-1}{\left(\dfrac{13}{12}\right)^{200}-1}\approx\frac{\left(\dfrac{13}{12}\right)^{100}}{\left(\dfrac{13}{12}\right)^{200}}$$

$$=\left(\frac{13}{12}\right)^{-100}$$

$$\approx 0.000\,334$$

约等于 1/3000，要好得多！

　　类似地，如果想一次下注 100 美元，会得到 10 个 100 美元的筹码；现在 $a=10$，$A=20$，则获胜的概率是

$$\frac{\left(\dfrac{13}{12}\right)^{10}-1}{\left(\dfrac{13}{12}\right)^{20}-1}\approx 0.2474$$

约等于 1/4. 最后，如果每次下注 250 美元，那么 $a=4$，$A=8$，获胜的概率是

$$\frac{\left(\dfrac{13}{12}\right)^{4}-1}{\left(\dfrac{13}{12}\right)^{8}-1}\approx 0.4206$$

总而言之，我们获胜的概率只是在 48% 之内变化，最好的策略还是一次下光所有赌注. ■

　　下面是应用这个公式的另一个例子，一个关于棒球的例子.

问题 10.3.2　世界大赛现在的赛制让人感到失望，在七场比赛中先获胜四场比赛的球队宣布获胜. 美国职业棒球大联盟宣布改变比赛赛制：波士顿红袜队和芝加哥小熊队将比赛到一队领先 4 分为止，即一队比另一队多赢了四场. 假设红袜队

（作为更好的球队）每场比赛约有 60％ 的概率战胜小熊队．小熊队赢得系列赛的概率是多少？

解　首先要注意到这是赌徒破产问题的一个特例．这样考虑：假设你下注在小熊队上（并不是有人会参与职业体育或其他赛事的赌博）．你从 4 美元开始，在每场比赛中下注 1 美元——如果小熊队赢了，你得到 1 美元；如果红袜队赢了，你失去 1 美元．如果你破产了，那就意味着红袜队比小熊队多赢了四场比赛，所以赢得了系列赛．另一方面，如果你的赌注达到 8 美元，这意味着小熊队赢的次数比输的次数多了四次，因此赢得了系列赛．这就是赌徒破产问题，这里 $p=2/5$，$q=1-p=3/5$．关键的比率是

$$s = \frac{q}{p} = \frac{3/5}{2/5} = \frac{3}{2}$$

上面的公式告诉我们获胜的概率是

$$\frac{\left(\frac{3}{2}\right)^4 - 1}{\left(\frac{3}{2}\right)^8 - 1} \approx 0.165$$

约等于 1/6．∎

注意到，在新的赛制下，即使假设红袜队是更好的球队，小熊队也有 1/6 的概率赢得系列赛．下面的问题要求你将这个概率与传统的七场四胜制进行比较．

习题 10.3.3

1. 小熊队在传统的赛制中获胜的概率是多少？在传统赛制中，两队一直打到有一队赢得四场比赛为止．

2. 对于传统的七场四胜制和上述的新赛制，哪一种更适合用

来区分谁是更好的球队?

习题 10.3.4　在网球比赛中,如果两名选手在 6 小局后战成 3-3 平,他们将继续比赛,直到一名选手领先另一名选手 2 分,该选手就赢得比赛. 假设塞丽娜和维纳斯在进行网球比赛,塞丽娜每一小局战胜维纳斯的概率约为 2/3. 如果她们战成 3-3 平,那么维纳斯最终获胜的概率是多少?

习题 10.3.5　米德尔敦的主街呈南北走向,共有 10 个街区,两端各有一家餐馆——北端是安纳的墨西哥快餐店,南端是北海道山头火拉面馆. 你站在中间,分别距离它们 5 个街区,需要去其中一家就餐. 你很难决定去哪一家,所以决定听从命运的安排. 具体来说,你要掷一个骰子:如果骰子点数在 1 到 4 之间,你就向北走一个街区,如果是 5 或 6,你就往南走一个街区. 你重复这个过程,直到你到达其中某一家餐馆. 那么你最终到达拉面馆的概率是多少?

第 11 章

几 何 概 率

到目前为止，我们所讨论的概率问题都受限于一个非常重要的方面：在每种情况下，随机试验可能发生的结果数都是有限的．但是这在某些情形下是非常局限的．在大多数实际情形下，输入和输出都是可以连续变化的事物——例如时间、距离、高度以及重量．在本章，我们会讨论如何处理涉及数量连续变化的问题．

11.1 嘉年华中的掷硬币问题

图 11-1 介绍了一个非常经典的嘉年华掷硬币游戏．桌子被一族直线分割成边长为 1 英寸的正方形方格，你把一个直径为 3/4 英寸的硬币抛到桌子上．如果它恰好完全落在一个正方形方格内，你就赢了；如果它与方格的一条边相交，你就输了．如图 11-1 所示。你获胜的概率有多大呢？

这里要说明的第一点是，这是可能发生结果是连续变化的问题的一个实例．在这种情况下，硬币落地后的位置——它的中心

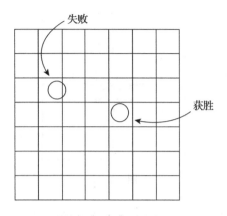

图　11-1

位置——可以是桌子上的任一点.

　　其次,假设你没有办法刻意瞄准某个目标来掷硬币——硬币中心落在任意给定区域的概率与该区域的面积成正比.(在 11.2 节的例子中,我们将会更加详细地说明这个假设.)现在,规则是当硬币接触到网格的任何一条边线时,即当硬币的中心到网格边线的距离小于它的半径时(这里是 3/8 英寸),你就输了.因此,我们要做的是标记出桌子上距离网格边线小于 3/8 英寸的点所构成的区域,并求出它的面积占总面积的百分比.

　　接下来,可以在每一个网格内分别考虑:在每一个正方形网格中,可以求出距离网格边线小于 3/8 英寸的点所构成区域的面积占网格总面积的百分比,而在每个方格内的情况都是相同的,因此这个百分比即是要求的区域面积占总面积的百分比.所以,现在考虑一个正方形网格,如图 11-2 所示,看一看该网格中距离边线小于 3/8 英寸的区域的面积所占比例是多少:

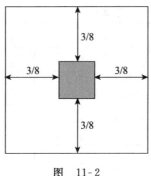

图　11-2

这里，正方形阴影区域代表了获胜的结果——点到边线的距离等于或大于 3/8 英寸，所以如果硬币的中心落在阴影区域，你就赢了．不幸的是，这个正方形的边长是

$$1 - \frac{3}{8} - \frac{3}{8} = \frac{1}{4}$$

因此它的面积是 1/16 平方英寸．也就是说，你在 16 次游戏中仅获胜了 1 次，输了 15 次．

下面要介绍的游戏并不是一个经典的嘉年华游戏，除非嘉年华活动中会带上随机数生成器．在这个游戏中，你会得到 0～1 之间的两个随机数，和其他例子一样，我们假设这两个随机数是独立的，并且它们来自 0～1 之间任何长度相等的区间的概率都是相同的．如果这两个数字的和大于或等于 1.5，你就获胜了，否则你就输了．那么你获胜的概率是多少呢？

好吧，再一次画出一个正方形区域代表所有可能发生的结果——0～1 中所有的数对 x 和 y——然后找到所有满足 $x + y \geqslant 1.5$ 的数对 (x, y) 所构成的区域．这很简单，如图 11-3 所示，直线

$x+y=1.5$ 截取了这个正方形区域的一个角：

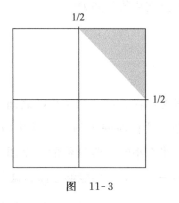

图　11-3

这个三角形区域的面积是 1/8（根据三角形面积计算公式，它实际上就是 $1/2 \times 1/2$ 的正方形区域面积的一半），你获胜的概率就是 1/8.

在介绍嘉年华中几何概型的一些其他例子作为结束之前，我们最后再强调一点．嘉年华活动中的确没有随机数发生器，但它确实有像巨型转盘这样的东西，在转盘周围均匀地分布着 1～100 之间的数字．别人可能会跟你打赌，如果你转动转盘 2 次，你得到的数字之和是大于还是小于 150．乍一看这并不属于本节的问题：它只有有限个（$100^2 = 10\ 000$）等概率发生的可能结果．但是想想要如何计算最终获胜的可能结果的数量——这可能要费很大力气，毕竟你来嘉年华是来玩的．实际上，在这种情况下，通过计算连续版本的模型来估计有限问题的概率是更容易的！

习题 11.1.1　你在玩一个简单的游戏，和上面最后一个例子一样，你会得到 0～1 之间的两个随机数．当 $1 < a+b \leqslant 1.5$ 时，你

的收益是 1 美元, 当 $1.5 < a + b$ 时, 你的收益是 3 美元. 玩这个游戏的收益期望值是多大?

11.2 餐厅问题

问题 11.2.1 假设餐厅在 5：30 到 7：30 之间营业. 由于日程表很零碎, 你会在这段时间中的一个随机的时间点到达餐厅, 并在那里待上半个小时. 假设你的一个朋友也是这样. 那么在任意给定的一天中, 你们能够碰面的概率是多少?

就像掷硬币问题一样, 未知量——你和你的朋友到达餐厅就餐的时间——是连续变化的, 可以是 5：30 到 7：30 之间的任何时间点. 如果想用有限概率的方法, 我们必须将 5：30 到 7：30 之间的可能时间点分成有限的类别或范围: 例如, 可以把这两个小时分成 30 分钟长的小区间, 并且你在 5：30～6：00、6：00～6：30、6：30～7：00 以及 7：00～7：30 这 4 个时间区间内到达的概率是相同的. 以这样的方式来处理的问题是即使知道你和你的朋友分别在哪一个时间区间内到达, 也并不总是有足够的信息来确定你们两个人是否会碰面: 例如, 如果你知道你是在 6：00 到 6：30 之间到达的, 而你的朋友在 6：30 到 7：00 之间到达, 你们可能会碰面, 也可能不会碰面.

不过, 幸运的是, 有一种方法可以解决这个问题. 首先要更准确地解释我们所说的"你在 5：30 到 7：30 之间的一个随机时间点到达餐厅"的意思. 我们并不想过多解释, 但这的确是很重要的一点: 不能含糊其词地说"你不太可能会在这一时间点到达".

事实上，根本没有办法得到你在某一时刻到达的概率，因为在
5：30 到 7：30 之间有无穷多个时间点．

那么我们所说的随机时间点是什么意思呢？唯一能解释的就
是，你在给定的某一时间间隔内到达的概率等于你在其他任意相
同时间间隔内到达的概率．例如，你在 5：50 到 5：55 之间到达的
概率与在 6：35 到 6：40 之间或在 7：02 到 7：07 之间或任何其他
5 分钟时间内到达的概率都是相等的．

现在，如果假设这一点，那么在 5：30 到 6：30 之间或 6：30
到 7：30 之间到达的概率是相等的．由于肯定会在其中一个时间间
隔内到达，因此在每个时间间隔内到达的概率就是 1/2. 因此，在
任何给定的一小时时长的时间间隔内——比如在 5：37 和 6：37 之
间——到达的可能性也是 1/2. 同样，在任何半小时长的时间间隔
内到达的概率就是 1/4. 而且，更一般地，在任何时间间隔内到达
的概率是该时间间隔长度（以小时为单位）的一半．

让我们休息一下，用画图的方法来表示时间，如图 11-4 所示．

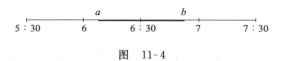

图　11-4

如果我们认为 5：30 到 7：30 之间的整个时间线的长度为
1——这个时间段中的每一个时间点都对应于 0 到 1 之间的一个数
字——你到达的时间 t 在两个给定时间点（这里用数字 a 和 b 表
示）之间的概率就是 $b-a$，即

$$P(a \leqslant t \leqslant b) = b - a$$

现在，如果我们用 $[0，1]$ 之间的一个点来表示你到达的时间——t 是 0 到 1 之间的一个数字——同样也可以用 0 到 1 之间的一个数字 s 来表示你朋友到达的时间．那么可以把时间对 $(t，s)$ 看作单位正方形中的一个点，如图 11-5 所示．

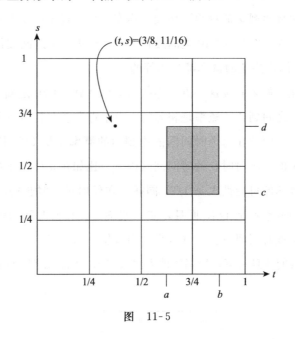

图　11-5

接下来，要进行一个重要的假设：你到达的时间和你朋友到达的时间是独立事件．（事实上，可以用下面的计算来检验独立性假设，正如 11.3 节中所讨论的．）在这种情况下，你到达时间在 a 和 b 之间并且你朋友到达时间在 c 和 d 之间的概率是这两个独立事件的概率的乘积；也就是说，

$$P(a \leqslant t \leqslant b \text{ 且 } c \leqslant s \leqslant d) = P(a \leqslant t \leqslant b) \cdot P(c \leqslant s \leqslant d)$$
$$= (b-a)(d-c)$$

$(b-a) \cdot (d-c)$ 实际就是边长为 $b-a$ 和 $d-c$ 的矩形的面积. 换句话说，(t, s) 位于图片中阴影矩形内的概率等于该矩形的面积. 更一般地，如果你到达的时间和你朋友的是独立的，那么 (t, s) 位于正方形中任何区域的概率都等于该区域的面积.

实际这也是我们要解决该问题所需要的. 如果说你和你朋友的就餐时间重叠，那就是说你们到达的时间相差半小时或更少. 因为半小时是 5∶30 到 7∶30 这一时间段的 1/4，那么用不等式来表示，有

$$|t - s| \leqslant \frac{1}{4}$$

或者从几何上看，点 (t, s) 在到垂直（或等效地水平）方向上对角线的距离小于等于 1/4 的区域内. 图 11-6 中的阴影区域即表示满足此条件的点 (t, s).

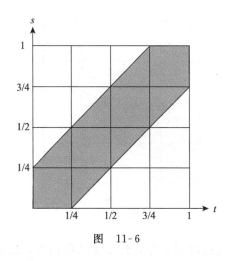

图　11-6

所以，问题就转化为阴影区域的面积是多少. 这很简单：我

们画的网格把这个区域分成 4 个边长为 1/4 的正方形和 6 个直角边长为 1/4 的等腰直角三角形. 正方形的面积是 1/16,三角形的面积是正方形的一半,即 1/32,因此总面积为

$$4 \cdot \frac{1}{16} + 6 \cdot \frac{1}{32} = \frac{14}{32} = \frac{7}{16} = 0.4375$$

这就是你和你朋友能够在就餐时碰面的概率 P(碰面).

我们可以把这种分析方法和条件概率的概念结合起来. 例如,考虑这样一个问题:假设你在 5:30 和 6:30 之间到达,你和你朋友能够碰面的概率是多大?用数学符号表述,即 P(碰面$|0 \leqslant t \leqslant 1/4$)是多少?

为了回答这个问题,我们考虑满足 $0 \leqslant t \leqslant 1/4$ 的点对 (t, s) 构成的矩形区域 R,如图 11-7 所示.

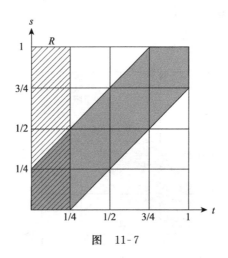

图 11-7

假设你的到达时间 t 在 0 到 1/4 的区间内,这意味着时间对 (t, s) 是矩形 R 中的一个随机点,那么你和你朋友能够碰面的概

率为

$$P(碰面\,|\,0\leqslant t\leqslant 1/4) = R\ \text{中较深阴影区域面积}\ /R\ \text{的面积}$$

现在，R 的较深阴影部分的面积是 $3/32$，而 R 的面积是 $1/4 = 8/32$，因此，

$$P(碰面\,|\,0\leqslant t\leqslant 1/4) = 3/8 \quad\blacksquare$$

下面是一些需要你来解决的问题.

习题 11.2.2　继续前面例子的讨论：

1. 假设你和你朋友能够碰面，那么你在 6 点前到达的概率是多少？

2. 你和你朋友中至少有一个人在 6 点前到达的概率是多少？

3. 假设你和你朋友能够碰面，那么你们至少有一个人在 6 点前到达的概率是多少？

4. 假设餐厅供应龙虾，但在 6 点左右就卖完了. 你和你朋友都认为，如果你们中的一个能够在 6 点前到达，那么第一个到达的人就可以点两只龙虾，这样你们每人都可以吃到一只——假设第二个人到达时第一个人还在那里. 你们中至少有一个在 6 点前到达，并且你们能够碰面的概率是多少？

习题 11.2.3　回到最初的问题，仍然假设餐厅在 5：30 到 7：30 之间营业，你和一个朋友独立地在这段时间内的随机时间点到达. 你在到达后会在餐厅待 30 分钟，但现在假设你朋友是一个快速进食者，在 15 分钟内就吃完了，那么你们就餐中能够碰面的概率是多少？

11.3 如何判断你是否被跟踪了

假设和之前一系列的问题一样，你在 5：30 到 7：30 之间的随机时间点到达餐厅．有一次你注意到这样一些人——似乎每次你就餐的时候，你都会看到他们．你决定每次都记录下来，结果在接下来的 10 天里，你有 8 次在就餐的时候看到他们．这是巧合吗？还是你被跟踪了？

我们可以从计算 10 天中有 8 次或更多次就餐时遇到某个人的概率开始，假设他们的到达时间实际上是随机的．我们已经有解决这个问题所需的方法：假设他们的到达时间是随机的，那么在给定的一天里遇到他们的概率是 7/16．可以把这 10 天看作多重的伯努利试验，那么在 10 天中，恰好有 8 次遇到他们的概率是

$$\binom{10}{8}\left(\frac{7}{16}\right)^{8}\left(\frac{9}{16}\right)^{2} \approx 0.019$$

同样，恰好有 9 次和 10 次遇到他们的概率分别为

$$\binom{10}{9}\left(\frac{7}{16}\right)^{9}\left(\frac{9}{16}\right) \approx 0.0033$$

和

$$\left(\frac{7}{16}\right)^{10} \approx 0.000\,25$$

把这些加起来，可以发现，在假设他们到达的时间点是随机的前提下，10 天中有 8 次或更多次在就餐时间遇到他们的概率只有 1/50．

那么，这是否意味着他们到达的时间点是随机的概率只有 1/50 呢？不，不，不！等等——这强调得还不够．让我们再说一次：不，不，不！这是我们结合贝叶斯定理提出的问题．到目前为止，我们能确定的是，假设到达的时间点是随机的，10 天内至少有 8 次遇到他们的概率约为 0.02. 更简洁地说，假设 A 表示你在 10 天内见到这个人 8 次或更多次，B 表示他们到达餐厅的时间点是随机的．我们现在知道的是

$$P(A|B) \approx 0.02$$

或者约为 2%. 所以，如果他们到达的时间点的确是随机的，那么你不太可能经常见到这个人．但我们考虑的实际上是不同的问题：如果你在 10 天内 8 次或更多次遇到他们，那么他们到达的时间点是随机的概率是多少？也就是，

$$P(B|A) \text{ 是多少？}$$

正如我们反复强调的，这些并不是同一件事．根据贝叶斯定理，实际上，为了将这两件事联系起来，我们需要知道 $P(B)$，或者等价地，$P(B \text{ 不发生})$，也就是说，你被跟踪的概率是多少？换句话说，跟踪者是你生活中常见的一部分吗？

总之：你经常遇到这个人的事实可能很重要——根据经验，统计学家认为发生概率小于 5% 的事件是重要的——但这并不意味着你被跟踪的概率是 98%.

11.4 排队论

这里还有一个类似的问题．假设你是一个偏远的邮局分局的

经理，手下只有一名员工．你可能不需要更多——在这个邮局你
不会有很多顾客——但你担心因为只有一名员工，你的一些客户
可能需要排队等待，特别是在相对繁忙的时间，比如午餐时间．
你观察了一段时间的情况，注意到有四个顾客中午来邮局：一个
每天中午 12 点来，一个每天下午 1 点来，还有两个在 12 点到下午
1 点之间的独立的随机时间点来．每个客户办理业务需要 10 分钟．
因为在 11 点和 12 点之间根本没有人会来，所以员工在 12 点时总
是空闲的．

　　问题是，有一个或多个客户必须排队等待的概率是多少？

　　恐怕我们要从命名这四个客户开始．总是在 12 点到达的客户
称为"早到者"（因为他的到达时间是固定的而且是已经知道的，
所以他的名字不会出现很多次）．同样，总是在下午 1 点到达的客
户称为"晚到者"．还有两个客户会在这一小时内的随机时间点到
达，我们称他们为 A 和 B$^{\ominus}$．用 a 表示 12 点后 A 到达的时间点，
类似地，b 表示 B 到达的时间点．

　　现在我们画出一个正方形，用它来表示 A 和 B 的可能的到达
时间对 (a, b)，如图 11-8 所示．

　　这里，正方形的边代表 12 点到 1 点之间的时间，划分成 6 个
小区间，每个代表 1 小时的 1/6，也就是 10 分钟．和之前一样，
假设正方形的边长为 1，这样到达时间对 (a, b) 位于正方形中给

　　$\ominus$　这里并不是说 A 一定是第一个到达的人，B 是第二个到达的人；他们是真实
　　的人，他们想让你知道，尽管他们的名字并不特别，但他们不仅仅是碰巧到
　　达邮局．正如我们所说，他们的到达时间点是独立的，有一半的情况 B 会在
　　A 之前到达，另一半情况则相反．

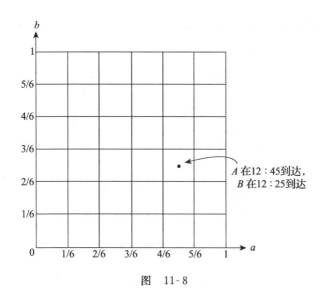

图　11-8

定区域的概率就与该区域的面积相等.

下一步是标出使得一个或多个客户必须排队等待的可能到达时间 (a, b) 对应的区域. 首先，"早到者"是不需要等待的，因为职员在 12 点时总是空闲的. 如果 A 在 12:10 之前到达，她必须等待；同样，如果她在 12:50 之后到达，那么"晚到者"必须等待. 因此我们标出正方形中与这些情况对应的区域，如图 11-9 所示.

对 B 来说也是一样的，如果她在 12:10 之前或者 12:50 之后到达，就有人需要等待，我们接着标记出与这些情况对应的区域，如图 11-10 所示.

最后，如果 A 和 B 到达时间相差不到 10 分钟，那么其中一方必须排队等待，因此我们标出 a 和 b 的距离在 1/6 以内的区域的点 (a, b)，即距离水平或垂直方向的对角线的 1/6 以内的区域. 下面是最后剩下的，如图 11-11 所示．

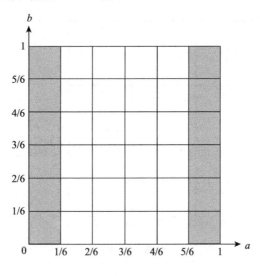

图 11-9

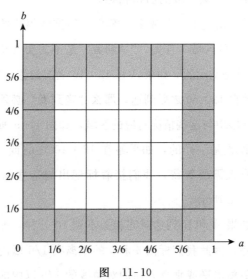

图 11-10

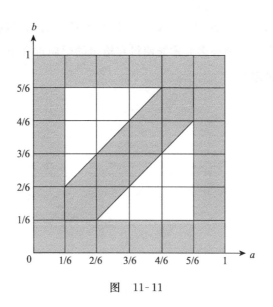

图 11-11

最后，我们已经准备好回答有人要等待的概率是多大这个问题了，即正方形中阴影区域的面积．要计算它，只需找到其余部分的面积——(a, b) 对应没有人需要等待的可能结果，这可能会更容易计算．这个区域由 2 个三角形组成，这 2 个三角形拼成一个 $1/2 \times 1/2$ 的正方形．所以没有人需要等待的概率是 $1/2 \times 1/2 = 1/4$，有人需要等待的概率则是 $1 - 1/4 = 3/4$，也就是 4 个人中有 3 个需要等待．

在继续后面的内容之前，我们应该注意到，这实际是一个更普遍问题的一个非常简单的例子，属于排队论的内容．自然地，排队论关注的是很多人在随机时间出现时会发生什么，但是在什么地方出现的人数可能会很多以及总人数是多少都是未知的．它不仅与服务业相关，就像我们刚刚讨论的例子一样，而且也适用于像电话网络这样的领域：如果人们打电话的时间是随机的，那么网络的带宽必须有多大才能使得在给定的呼叫过程中只有 5% 的概率发生过载？

第三部分

大 数 定 律

第 12 章

游戏与收益

掌握前面内容后，读者可能会抱怨，我们能解决的概率问题似乎仅局限于某种人为设定的环境下：在有少量未确定结果的情况下，每种可能性都很小．

例如，掷一枚硬币只有两种可能发生的结果．到目前为止，本书所讨论的这类问题涉及的掷硬币次数相对较少，因此，我们可以简单地列出可能发生的结果并计算每个结果的概率，而不怎么需要计算器．

但是在这个世界上，生活很少是这么简单的．例如，考虑有两名候选人（当然是特蕾茜和保罗）竞选美国总统．我们可以将每个选民个体视为硬币，其结果要么是投票给特蕾茜，要么是投票给保罗．但是现在我们不探讨 5 次、10 次或 20 次"掷硬币"，而是 1 亿次．即使我们现在拥有巨大的计算能力，写出 1 亿次掷硬币的所有可能结果并计算每次结果发生的概率也是一个令人望而生畏的工程．

在许多情况下，概率问题非常复杂，以至于无法仅通过枚举结果来计算它. 本书将介绍一个有力的工具, 它使我们至少可以近似地回答此类问题. 这个工具称为正态分布, 我们将在下章介绍. 我们会发现, 当进行大量的伯努利试验时, 其结果趋于正态分布. 这种分布既是重要的计算工具, 也是所谓的"大概率"主题中的关键概念, 它是概率和统计中许多问题的核心.

在本章中, 我们将介绍一个数学模型, 该模型有助于解决上文考虑的较为复杂的概率问题. 为了说明这些新想法, 我们从一个问题开始:

问题 12.0.1 假设你拥有一个"公平的"硬币.

1. 如果掷 10 次硬币, 那么出现 6 次或以上"正面"的概率是多大?

2. 如果掷 100 次硬币, 那么出现 60 次或以上"正面"的概率是多大?

3. 如果掷 1000 次硬币, 那么出现 600 次或以上"正面"的概率是多大?

在本部分中将回答这三个问题, 事实上答案 (见 13.1 节) 将是惊人的 (与往常一样, 你现在应该花点时间来思考这三个问题中的每一个, 我们保证这是非常有启发性的). 但现在, 我们希望你思考的主要问题是: 如何找到答案?

通过前面几章的学习, 我们已经学会了如何解决第一个问题: 掷 10 次硬币, 恰好出现 k 次正面的概率是

$$P(\text{掷 10 次硬币, 出现 } k \text{ 次正面}) = \frac{\binom{10}{k}}{2^{10}}$$

所以第一个问题的答案是以下求和：

P（掷 10 次硬币，至少出现 6 次正面）

$$= \frac{\binom{10}{6}}{2^{10}} + \frac{\binom{10}{7}}{2^{10}} + \frac{\binom{10}{8}}{2^{10}} + \frac{\binom{10}{9}}{2^{10}} + \frac{\binom{10}{10}}{2^{10}}$$

$$= \frac{\binom{10}{6} + \binom{10}{7} + \binom{10}{8} + \binom{10}{9} + \binom{10}{10}}{2^{10}}$$

$$= \frac{386}{1024} \approx 0.377$$

原则上，也可以用同样的方法回答第二和第三个问题：对于第二个问题，我们必须对 $\binom{100}{k}$（$k = 60$，61，…，100）这 41 个二项式系数求和；对于第三个问题，必须对 $\binom{1000}{k}$（$k = 600$，601，…，1000）这 401 个二项式系数求和．在进行如此烦琐的工作之前，我们应该思考一下：是否有更好的方法至少可以近似地得到答案？

12.1 游戏与方差

首先，我们希望建立一个理论框架，该框架将包括我们迄今为止研究的几乎所有示例．从平淡的到花式的，可以使用多种术语（"概率分布"），但跟往常一样，我们还是说明处理游戏的基本框架．

- 包含有限个可能发生结果的事件．尽管通常会有更多的描述性的术语，如果需要，可以将可能发生的结果称为 P_1，

P_2，…，P_k．（也可以包括第 11 章讨论过的可能发生结果的连续情况，但这会涉及积分计算，因此不打算这样做．）事件中包含的结果就是我们所说的：如果事件是一次公平的掷骰子游戏，则可能发生的结果为 1 到 6 之间的数字；如果我们只对掷出的骰子是否为 6 点感兴趣，则可以称该事件有两个可能发生的结果——"6 点"和"不是 6 点"．

- 把每个可能发生的结果 P_i 相关联的概率记为 p_i，表示出现 P_i 结果的次数占试验总次数的比率．这些数字 p_1，…，p_k 将介于 0 和 1 之间，我们知道它们的和必为 1.

- 与每个可能发生的结果 P_i 相关联的是一个数值或"收益"，可以是正的或负的．我们已经看到过许多无明确"收益"的概率问题，在这些情况下（我们只关心一个给定结果的发生频率），通常将感兴趣的结果赋予收益 1，而其他结果设为 0.

我们通常会用一个符号来表示一场游戏，例如 G.

这种情况下的例子包括掷硬币（公平的或不公平的）、掷一个骰子或几个骰子、标准发牌游戏、竞选时选民的投票．基本上，至此我们看到的几乎所有内容（除了第 11 章）都可以放在此框架中．在某些情况下，可以明确与各种可能发生结果相关联的"收益"；而其他一些情况下，仅需要给出出现给定结果的概率，你可以想象把这个结果赋予"收益" 1，对其他结果赋予"收益" 0.

我们已经引入了与游戏 G 相关的一个关键量——期望值 $\text{ev}(G)$，即以收益对应的概率为权重的所有收益的加权平均值，用数学术语表示为

$$\mathrm{ev}(G) = p_1 a_1 + p_2 a_2 + \cdots + p_k a_k$$

简而言之，期望值就是游戏的价值．根据第 8 章第 8.1 和 8.3 节的定义和公式，我们重新表述期望值公式：

> 一个游戏的期望值是其所有可能事件的收益以其对应的概率为权重的加权平均值。

我们将在下面计算多个示例．但在这之前，要引入与游戏 G 相关的第二个关键量．这将度量实际收益与期望值的平均偏离程度，我们称之为游戏的方差，并记为 $\mathrm{var}(G)^{\ominus}$.

与期望值类似，方差也是一个以各种可能发生结果的概率为权重的加权平均值．但并不是简单地对收益进行加权平均，而是计算实际收益与期望值偏差的平均：对于每个可能发生的结果，我们求出该结果对应的收益与游戏的期望值的差值，并取平方，然后求其概率加权平均值．为了用公式表示方差，我们用 ev 表示游戏的期望值，那么方差定义如下：

> 一个游戏的方差是其各结果的收益和期望值之间偏差平方的概率加权平均值：
>
> $$\mathrm{var}(G) = p_1 (a_1 - \mathrm{ev})^2 + p_2 (a_2 - \mathrm{ev})^2 + \cdots + p_k (a_k - \mathrm{ev})^2$$

顾名思义，游戏的方差度量了实际收益偏离期望值的程度．举一个例子，考虑两个可能的游戏．第一个游戏中，我们掷出一

⊖　在很多有关统计的教科书中，游戏 G 的方差记为 $\sigma^2(G)$.

枚公平的硬币，结果为 H 和 T．若出现结果 H，将获得 2 美元的收益，反之，什么也得不到，如表 12-1 所示．

表 12-1

结果	H	T
概率	1/2	1/2
收益	2	0

在这个游戏中，我们有一半的机会将赢得 2 美元，另一半机会则没有任何收益．下面的计算表明，这个游戏的期望值是 1 美元：

$$\text{ev} = \frac{1}{2} \cdot 2 + \frac{1}{2} \cdot 0 = 1$$

作为比较，考虑第二个游戏：这次我们掷一个骰子，如果结果为 6，则收益为 6 美元，否则就没有收益．我们也可以将此视为具有两个可能发生结果的游戏，如表 12-2 所示。

表 12-2

结果	6	不是 6
概率	1/6	5/6
收益	6	0

该游戏的期望值也为 1 美元：我们有 1/6 的概率赢得 6 美元，没有收益的概率为 5/6，因此

$$\text{ev} = \frac{1}{6} \cdot 6 + \frac{5}{6} \cdot 0 = 1$$

也就是说，这两个游戏的期望值均为 1 美元．现在，我们来计

算并比较它们的方差. 在第一个游戏中, 我们有一半机会赢得 2 美元, 一半机会赢得 0 美元. 无论哪种情况, 实际收益与期望值之间的差值都为 1, 因此方差应为

$$\mathrm{var} = \frac{1}{2} \cdot (2-1)^2 + \frac{1}{2} \cdot (0-1)^2 = \frac{1}{2} + \frac{1}{2} = 1$$

在第二个游戏中, 我们有 5/6 的概率获得 0 美元收益, 其他 1/6 的概率获得 6 美元收益, 因此方差为

$$\begin{aligned}
\mathrm{var} &= \frac{1}{6} \cdot (6-1)^2 + \frac{5}{6} \cdot (0-1)^2 \\
&= \frac{1}{6} \cdot 25 + \frac{5}{6} \cdot 1 \\
&= \frac{25}{6} + \frac{5}{6} \\
&= 5
\end{aligned}$$

同样, 第二个游戏的较大方差反映了其收益变化更大的事实.

现在我们已经计算出了掷一次"公平"的硬币的期望值和方差, 而硬币是"不公平"的情况 (硬币出现"正面"的概率为 p, 出现"反面"的概率为 $1-p$) 与其类似. 如果将结果出现为"正面"赋予收益 1, 将结果出现"反面"赋予收益 0, 则该游戏可由表 12-3 描述.

表　12-3

结果	正面	反面
概率	p	$1-p$
收益	1	0

该游戏的期望值是 p. 至于方差, 只需将值 $p_1 = p$, $p_2 = 1-$

p，$a_1 = 1$，$a_2 = 0$ 和 $\mathrm{ev} = p$ 代入方差公式中：

$$\begin{aligned}
\mathrm{var} &= p_1(a_1 - \mathrm{ev})^2 + p_2(a_2 - \mathrm{ev})^2 \\
&= p \cdot (1-p)^2 + (1-p) \cdot (0-p)^2 \\
&= p \cdot (1-p)^2 + (1-p) \cdot p^2 \\
&= p \cdot (1-p) \cdot (1-p+p) \\
&= p \cdot (1-p)
\end{aligned}$$

　　稍后，当讨论游戏的多次迭代时，我们将用到它．

习题 12.1.1　假设你玩一个简单的掷（公平）硬币游戏，如果出现"正面"，你赢得 10 美元，如果出现"反面"，你得支付 8 美元．这个游戏的期望值是多少？方差是多少？

习题 12.1.2　在游戏 G 中，我们从一个高中班级中随机选择 1 人，该班级由 6 名 18 岁、3 名 17 岁和 3 名 19 岁的学生组成，游戏 G 的收益就是所选人员的年龄．第二个游戏 H 与游戏 G 类似，但是现在我们从一个成员年龄为 2、3、5、7、11、13、17、19、41、43、57、83 和 97 的家庭中随机选择一个人，同样，游戏 H 的收益就是所选人员的年龄．不进行任何计算，说明哪个游戏方差更大．

习题 12.1.3　假设你在玩一个掷骰子游戏，而收益是显示的点数．这个游戏的期望值是多少？方差是多少？

习题 12.1.4　假设你玩的游戏是从标准扑克牌（52 张牌）中抽一张牌，如果这张牌是黑桃 A，你将赢得 10 美元，否则将损失 1 美元．这个游戏的方差是多少？

12.2 收益变换

此时，我们将考虑游戏的各种变换方式对期望值和方差会产生什么影响．在本节中，我们仅考虑非常简单的变换，这些变换使游戏的潜在结果和相应的概率保持不变，但会改变游戏的收益．

例如，假设在一个游戏 G 中，你通过向每个收益（包括收益为 0 的情况）添加固定金额（记为 c）来更改该游戏．换句话说，事件是相同的，可能发生的结果 P_i 是相同的，每个可能发生结果的概率 p_i 是相同的．但如果 a_i 是原游戏中结果 P_i 的收益，则在新游戏中变为 $a_i + c$．这实际上并没有太大改变：如果 c 为正，无论结果如何，境况都会好很多；如果 c 为负，则境况会更糟．不过，我们将为新游戏取一个不同的名称，称其为 $G+c$．

游戏 $G+c$ 的期望值是多少？几乎可以想象：无论结果如何，收益都因为 c 而改变了，因此，期望值应该比原始游戏的期望值高出 c．下面的公式验证了这一点：新游戏 $G+c$ 具有期望值

$$
\begin{aligned}
\mathrm{ev}(G+c) &= p_1(a_1+c) + p_2(a_2+c) + \cdots + p_k(a_k+c) \\
&= p_1 a_1 + p_2 a_2 + \cdots + p_k a_k + (p_1 + p_2 + \cdots + p_k)c \\
&= \mathrm{ev}(G) + c
\end{aligned}
$$

这是因为所有 $p_i(i \neq 1, \cdots, k)$ 的总和为 1．

那方差是多少呢？我们注意到，如果收益全部增加了 c，期望值也增加了 c，则每种结果的收益与游戏期望值之间的差异根本不会改变！$G+c$ 的方差的公式与 $\mathrm{var}(G)$ 的公式完全相同，所以

$$
\mathrm{var}(G+c) = \mathrm{var}(G)
$$

综上所述：如果向游戏 G 的收益添加固定常数 c，那么新游戏 $G+c$ 的方差与游戏 G 的相同，而其期望值却增加了 c.

现在考虑一个类似的操作．和以前一样，游戏 G 的结果和概率将保持不变，而我们只是要改变收益．不过，这一次，我们没有为每个收益添加固定数，而是将它们全部乘以固定数 d．我们将其称为新游戏 dG，它具有与 G 相同的结果 P_i 和相应的概率 p_i，但是收益 a_i 现在是 da_i.

同样，如果知道原始游戏的期望值和方差，则可以计算出新游戏的期望值和方差，尽管可能不是那么明显．首先计算期望值：如果每个收益都乘以 d，那么将期望值的公式应用于游戏 dG 时，我们得到

$$\begin{aligned} \mathrm{ev}(dG) &= p_1(da_1) + p_2(da_2) + \cdots + p_k(da_k) \\ &= d(p_1a_1 + p_2a_2 + \cdots + p_ka_k) \\ &= d \cdot \mathrm{ev}(G) \end{aligned}$$

换句话说，其期望值为原始游戏期望值的 d 倍．

对于方差，可以这样考虑：如果实际收益乘以 d，则期望值乘以 d，于是它们的差也将乘以 d．由于方差是这些差异的平方的加权平均值，因此，应将其乘以 d^2．如果原游戏的期望值为 ev，则新游戏的期望值为 $d \cdot \mathrm{ev}$，因此新游戏的方差为

$$\begin{aligned} \mathrm{var}(dG) &= p_1(da_1 - d \cdot \mathrm{ev})^2 + p_2(da_2 - d \cdot \mathrm{ev})^2 + \cdots \\ &+ p_k(da_k - d \cdot \mathrm{ev})^2 = d^2(p_1(a_1 - \mathrm{ev})^2 + p_2(a_2 - \mathrm{ev})^2 \\ &+ \cdots + p_k(a_k - \mathrm{ev})^2) = d^2 \cdot \mathrm{var}(G) \end{aligned}$$

换句话说，当一局游戏的收益乘以一个数 d 时，其期望值和方差分别为原始游戏期望值和方差的 d 倍和 d^2 倍．

习题 12.2.1

1. 增加一个常数到游戏 G 的收益中, 是否可以将游戏的期望值变为 0?

2. 增加一个常数到游戏 G 的收益中, 是否可以将游戏的方差变为 1?

3. 将游戏 G 的收益乘以一个常数, 是否可以将游戏的期望值变为 0?

4. 将游戏 G 的收益乘以一个常数, 是否可以将游戏的方差变为 1?

12.3　游戏的标准化形式

当要比较或组合两个游戏时, 如果它们具有相同的期望值和方差, 则会简单得多. 幸运的是, 我们可以只应用加法和乘法运算将任何游戏转换为期望值为 0 且方差为 1 的游戏. 我们称产生的新游戏为初始游戏的标准化形式.

计算方法如下: 假设从一个期望值为 ev 的游戏 G 开始. 首先, 简单地从每种收益中减去数字 ev. 如我们所见, 新游戏 $G-\text{ev}$ 的期望值为 0. 还可以看到新游戏 $G-\text{ev}$ 的方差 var 与原始游戏 G 的相同. 为将方差转化为 1, 我们除以 var 的平方根. 由于 $G-\text{ev}$ 的期望值为 0, 所以将其乘以 $\sqrt{\text{var}}$ 不会改变期望值. 于是, 可以将新游戏写为

$$G_0 = \frac{G-\text{ev}}{\sqrt{\text{var}}}$$

> 对一个游戏 G，它的标准化形式为如下新游戏：
>
> $$G_0 = \frac{G - \mathrm{ev}}{\sqrt{\mathrm{var}}}$$
>
> 它具有相同的可能发生的结果和概率．新游戏调整了收益值，使其期望值为 0，方差为 1．

例如，假设我们掷出一个"公平的"硬币，如果"正面"朝上，则收益为 1，反之则为 0，如表 12-4 所示．

表　12-4

结果	H	T
概率	1/2	1/2
收益	1	0

这个游戏的期望值为 $1/2$，方差为

$$\mathrm{var} = \frac{1}{2}\left(1 - \frac{1}{2}\right)^2 + \frac{1}{2}\left(0 - \frac{1}{2}\right)^2 = \frac{1}{4}$$

该游戏的标准化形式 G_0 为

$$G_0 = \frac{G - \dfrac{1}{2}}{\dfrac{1}{2}} = 2\left(G - \frac{1}{2}\right)$$

也就是说，在标准化游戏 G_0 中，出现"正面"的收益为 1，出现"反面"的收益为 -1．

问题 12.3.1　建立一个游戏的标准化形式：该游戏中，你抛掷一个"不公平"的硬币，该硬币出现"正面"的概率为 p，收益 $a_H = 1$，出现"反面"的概率为 $1 - p$，收益 $a_T = 0$．

解 首先，该游戏可由与之前类似的表 12-5 来表示，只是结果发生的概率有所不同．

表 12-5

结果	H	T
概率	p	$1-p$
收益	1	0

如我们所见，该游戏的期望值为 $\mathrm{ev}(G) = p \cdot 1 + (1-p) \cdot 0 = p$，因此，方差是

$$\begin{aligned} \mathrm{var}(G) &= p \cdot (1-p)^2 + (1-p) \cdot (0-p)^2 \\ &= p(1-2p+p^2) + (1-p)p^2 \\ &= p - p^2 \end{aligned}$$

这样，游戏 G 的标准化形式可表示成相同的游戏，只不过收益变为

$$\frac{a_H - \mathrm{ev}}{\sqrt{\mathrm{var}}} = \frac{1-p}{\sqrt{p-p^2}}, \frac{a_T - \mathrm{ev}}{\sqrt{\mathrm{var}}} = \frac{-p}{\sqrt{p-p^2}}$$

如表 12-6 所示．

表 12-6

结果	H	T
概率	p	$1-p$
收益	$\dfrac{1-p}{\sqrt{p-p^2}}$	$\dfrac{-p}{\sqrt{p-p^2}}$

符号注记 上面游戏的标准化形式的表达式中出现了方差的平方根．事实上，它会频繁出现在本书中．为此，我们称 $\sqrt{\mathrm{var}(G)}$ 为

游戏 G 的标准差，记为 std(G)[一].

12.4　游戏的组合

本节介绍的关于游戏的运算比 12.2 节中所考虑的前两种要复杂，但也更有趣．为了说明这一点，我们将从一个示例开始．基本想法是，我们希望通过同时玩两个游戏并将其收益相加，将两个游戏组合起来．例如，考虑以下两个游戏．在第一个游戏 G 中，你抛出一个"公平的"硬币：如果"正面"朝上，你将赢得 1；如果"反面"朝上，你将一无所获．在第二个游戏 H 中，你掷出一个骰子：如果结果为 6，你将赢得 3；否则，什么也得不到．显然，第一个游戏的期望值和方差为

$$\text{ev}(G) = \frac{1}{2}, \quad \text{var}(G) = \frac{1}{4}$$

对于游戏 H，因为你有 $1/6$ 的机会赢得 3，所以其期望值为 $1/2$，而方差为

$$\begin{aligned}
\text{var}(H) &= \frac{1}{6}\left(3 - \frac{1}{2}\right)^2 + \frac{5}{6}\left(0 - \frac{1}{2}\right)^2 \\
&= \frac{1}{6}\left(\frac{5}{2}\right)^2 + \frac{5}{6}\left(\frac{1}{2}\right)^2 \\
&= \frac{25 + 5}{24} = \frac{5}{4}
\end{aligned}$$

（我们也可以观察到这是我们在 12.1 节中讨论的关于方差的游戏

[一]　正如我们指出的那样，大多数关于统计的教科书都用 $\sigma^2(G)$ 来表示游戏 G 的方差，那么更自然地，在这些教科书中都统一用 $\sigma(G)$ 来表示 G 的标准差．

的一部分，它们是一样的，只不过在那里收益是 6，方差是 5.）

接下来，我们将抛硬币和掷骰子这两个游戏结合起来．将每个游戏中获得的收益相加，并称组合后的新游戏为 $G+H$. 新游戏有 4 个可能的结果："正面"/ 6，"正面"/非 6，"反面"/ 6，"反面"/非 6. 新游戏的收益如下：例如，硬币"正面"朝上且骰子为 6 时，因硬币赢得 1 且因骰子赢得 3，因而总共赢得 4；如果"正面"朝上，而骰子不是"6"，将赢得 1. 依此类推，新游戏的收益可由表 12- 7 完整表示．

表　12-7

结果	"正面"/6	"正面"/非 6	"反面"/6	"反面"/非 6
收益	4	1	3	0

进一步，游戏 $G+H$ 可能发生的结果的概率为：假设两个游戏是独立的，则"正面"/ 6 发生的概率为 $\frac{1}{2} \cdot \frac{1}{6}=\frac{1}{12}$，而"正面"/非 6 发生的概率为 $\frac{1}{2} \cdot \frac{5}{6}=\frac{5}{12}$. 依此类推，$G+H$ 可由表 12-8 表示．

表　12-8

结果	"正面"/6	"正面"/非 6	"反面"/6	"反面"/非 6
概率	1/12	5/12	1/12	5/12
收益	4	1	3	0

由此，我们计算出期望值和方差：期望值为

$$\mathrm{ev}(G+H) = \frac{1}{12} \cdot 4 + \frac{5}{12} \cdot 1 + \frac{1}{12} \cdot 3 + \frac{5}{12} \cdot 0$$

$$= \frac{12}{12} = 1$$

首先要注意的是，组合游戏 $G+H$ 的期望值是 G 和 H 的期望值的总和．这是合理的：平均一下，你在游戏 G 的期望收益是 1/2，在游戏 H 中也类似．如果同时玩游戏 G 和 H，那么，平均而言，你的期望收益将增加 1 个单位．

游戏 $G+H$ 的方差的计算稍微复杂一点：

$$\mathrm{var}(G+H) = \frac{1}{12} \cdot (4-1)^2 \frac{5}{12} \cdot (1-1)^2 \frac{1}{12} \cdot (3-1)^2 \frac{5}{12} \cdot (0-1)^2$$

$$= \frac{8}{12} = \frac{3}{2}$$

值得注意的是，这同样是游戏 G 和 H 的方差之和．这并不是显而易见的，却是事实：组合游戏的方差就是它们的方差之和．我们将在下面的只有两种发生结果的特殊游戏中进一步解释，然后你会将类似的分析应用到任意两个游戏中．

以上计算基于一个关键的假设：游戏 G 和游戏 H 是独立的．如果游戏 G 的结果会影响游戏 H 的结果，那么我们将不再以这种方式计算组合游戏的期望值和方差．当将来谈论"游戏组合"时，我们始终会假设要相加的两个游戏是相互独立的．

总结一下目前得到的结论：

1. 如果在游戏中添加固定数字 c，则期望值将增加 c，而方差不变．

2. 如果将游戏乘以数字 d，则期望值将乘以 d，而方差将乘以 d^2．

3. 如果将两个独立的游戏相加，则新游戏的期望值是各自期望值的和，而其方差是各自游戏方差的和．如表 12-9 所示．

表 12-9

运算	期望	方差
增加 c	$\mathrm{ev}(G+c)=\mathrm{ev}(G)+c$	$\mathrm{var}(G+c)=\mathrm{var}(G)$
乘以 d	$\mathrm{ev}(dG)=d\cdot\mathrm{ev}(G)$	$\mathrm{var}(dG)=d^2\cdot\mathrm{var}(G)$
游戏组合	$\mathrm{ev}(G+H)=\mathrm{ev}(G)+\mathrm{ev}(H)$	$\mathrm{var}(G+H)=\mathrm{var}(G)+\mathrm{var}(H)$

为了证明组合游戏的方差是其独立的游戏的方差之和，我们需要仔细思考一下两个游戏组合时会发生什么. 简单来说，以两胜制游戏为例. 设 G 是一个具有两个可能发生结果 P_1 和 P_2、概率分别为 p_1 和 p_2 以及收益分别为 a_1 和 a_2 的游戏，设 H 同样是一个结果分别为 Q_1 和 Q_2、概率分别为 q_1 和 q_2 且收益分别为 b_1 和 b_2 的游戏. 如果同时玩这两个游戏，则有 4 个可能发生的结果，其收益如表 12-10 所示.

表 12-10

结果	P_1 和 Q_1	P_1 和 Q_2	P_2 和 Q_1	P_2 和 Q_2
概率	a_1+b_1	a_1+b_2	a_2+b_1	a_2+b_2

现在，假设这两个游戏是独立的，则任何特定结果的组合（例如，P_1 和 Q_2）的概率是 P_1 和 Q_2 概率的乘积. 因此，我们可以补充上表中余下的行，得到表 12-11.

表 12-11

结果	P_1 和 Q_1	P_1 和 Q_2	P_2 和 Q_1	P_2 和 Q_2
概率	p_1q_1	p_1q_2	p_2q_1	p_2q_2
收益	a_1+b_1	a_1+b_2	a_2+b_1	a_2+b_2

计算方差之前，我们先计算期望值：

$$\mathrm{ev}(G+H) = p_1q_1(a_1+b_1) + p_1q_2(a_1+b_2) + p_2q_1(a_2+b_1)$$
$$+ p_2q_2(a_2+b_2)$$

接下来的计算看起来有些复杂，但是如果将所有内容相乘并重新组合这些项（请记住，$p_1+p_2=1$，$q_1+q_2=1$），则有

$$\mathrm{ev}(G+H) = p_1q_1(a_1+b_1) + p_1q_2(a_1+b_2) + p_2q_1(a_2+b_1)$$
$$+ p_2q_2(a_2+b_2)$$
$$= p_1q_1a_1 + p_1q_1b_1 + p_1q_2a_1 + p_1q_2b_2 + p_2q_1a_2$$
$$+ p_2q_1b_1 + p_2q_2a_2 + p_2q_2b_2$$
$$= p_1a_1(q_1+q_2) + p_2a_2(q_1+q_2) + q_1b_1(p_1+p_2)$$
$$+ q_2b_2(p_1+p_2) = p_1a_1 + p_2a_2 + q_1b_1 + q_2b_2$$
$$= \mathrm{ev}(G) + \mathrm{ev}(H)$$

方差的计算是类似的，但更为复杂．为了简化计算，我们可以先将游戏 G 和 H 平移，使它们的期望值为 0，即减去 G 的期望 $\mathrm{ev}(G)$ 和 H 的期望 $\mathrm{ev}(H)$．但这不会影响 G 或 H 的方差，并且，由于我们只是从 $G+H$ 中减去总和 $\mathrm{ev}(G)+\mathrm{ev}(H)$，所以它也不会影响 $G+H$ 的方差．因此，我们可以假设 G 和 H 的期望值均为 0，并且（根据我们所做的）假设 $G+H$ 的期望值也为 0. 这在某种程度上简化了方差公式的推导：

$$\mathrm{var}(G+H) = p_1q_1(a_1+b_1)^2 + p_1q_2(a_1+b_2)^2 + p_2q_1(a_2+b_1)^2$$
$$+ p_2q_2(a_2+b_2)^2$$
$$= p_1q_1a_1^2 + 2p_1q_1a_1b_1 + p_1q_1b_1^2 + p_1q_2a_1^2 + 2p_1q_2a_1b_2$$
$$+ p_1q_2b_2^2 + p_2q_1a_2^2 + 2p_2q_1a_2b_1 + p_2q_1b_1^2 + p_2q_2a_2^2$$
$$+ 2p_2q_2a_2b_2 + p_2q_2b_2^2 = p_1a_1^2 + p_2a_2^2 + q_1b_1^2$$

$$+ q_2 b_2^2 + 2(p_1 a_1 + p_2 a_2)(q_1 b_1 + q_2 b_2)$$
$$= \mathrm{var}(G) + \mathrm{var}(H)$$

这是因为期望值 $\mathrm{ev}(G) = p_1 a_1 + p_2 a_2$ 和 $\mathrm{ev}(H) = q_1 b_1 + q_2 b_2$ 都等于 0.

接下来，我们考虑重复玩游戏会发生什么，以上述游戏 G（抛出一个"公平的"硬币且"正面"收益为 1）为例．第一种情况是 $G+G$，也就是在游戏中掷出 2 个硬币，且每个硬币"正面"朝上的收益为 1. 我们可以将其描述为具有三种可能发生结果的游戏——没有正面，1 个正面，2 个正面——如表 12-12 所示．

表　12-12

结果	都是反面	1 个正面	2 个正面
概率	1/4	1/2	1/4
收益	0	1	2

相似地，我们继续考虑游戏 $G+G+G$，即抛出 3 个硬币，其结果如表 12-13 所示．

表　12-13

结果	没有正面	1 个正面	2 个正面	3 个正面
概率	1/8	3/8	3/8	1/8
收益	0	1	2	3

现在，我们回到本章开始时提出的问题——当游戏 G 重复不只是几次，而是重复了 100 或 1000 或 1 000 000 次时，结果会变得如何？但是我们仍然没有足够的计算工具来回答这些问题．如何估计结果的分布呢？我们将在下一章给出答案．

习题 12.4.1　从表 12-13 中直接证明 $G+G$ 和 $G+G+G$ 的方差为

$$\mathrm{var}(G+G) = \frac{1}{2}, \quad \mathrm{var}(G+G+G) = \frac{3}{4}$$

习题 12.4.2　游戏 $G+G$（同一游戏玩 2 次）与游戏 $2 \cdot G$（收益加倍的同一游戏）有什么关系？

习题 12.4.3

1. 假设你玩一个掷骰子的游戏，而收益是显示的点数．这个游戏的期望值和方差是多少？

2. 刚才描述的游戏的标准化形式是什么？

3. 现在假设你玩一个掷 100 个骰子的游戏，而收益是所有骰子上显示的总点数．这个游戏的期望值和方差是多少？

第 13 章

正 态 分 布

当一个游戏非常有趣以至于我们多次（比任何可计数的次数都多）重复玩时，计算任何特定结果的确切概率将不再有意义．相反，一个更好的问题是多次重复游戏时，其结果的总体分布是什么？值得注意的是，如果游戏重复了足够多的次数，那么无论原始游戏的概率和收益是多少，这些分布都具有相同的形态！在本章中，我们将引入重要的正态分布，并用它来回答第 12 章开始时提出的问题．

13.1 游戏的图表示

上一章中的表格无疑囊括了我们需要了解的相关游戏的所有信息，但它们只是一堆数字，可能无法使你对各种收益的可能性有定性的认识．更好的方法是使用游戏的图表示：特别是直方图．在这些图表中，我们沿水平轴排列出可能的收益，并在每个收益处放置一个条形，以此反映获得该收益的可能性（概率）．例如，

图 13-1 是代表游戏 $G+G+G+G$（即掷 4 次"公平的"硬币出现"正面"的次数及所对应的收益）的直方图.

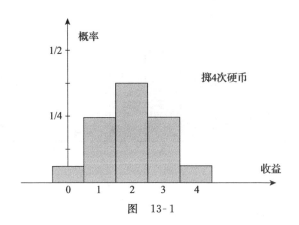

图　13-1

实际上，如果我们重复很多次游戏，则"$G+G+G+G$"这个表示显得过于冗杂，正如上一章的标题所暗示的那样. 取而代之的是，我们用 $G(n)$ 表示游戏 G 的 n 次重复. 于是可用 $G(4)$ 代替 $G+G+G+G$.（如果读者想用"$4\cdot G$"代替 $G(4)$，请回顾习题 12.4.2.）

关于直方图，通常需要注意：如果每个条形的宽度为 1，则所有条形的总面积等于每种可能获得的收益所对应的概率之和，且恰好为 1.

图 13-2 是掷 6 次硬币即 $G(6)$ 的直方图，图 13-3 是 $G(8)$ 的直方图。

观察这些条形图，我们会发现几个特点：它们在中间收益附近是对称的. 如果游戏为 $G(n)$，则中值为 $n/2$. 当 k 从 0 增加到 $n/2$ 时，收益 k 的概率增加，当 k 大于 $n/2$ 后，收益 k 的概率逐渐

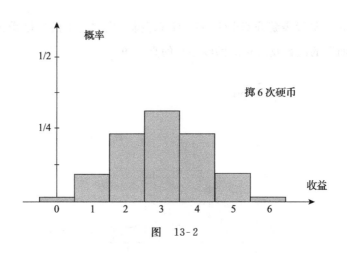

图　13-2

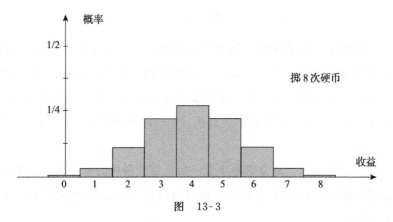

图　13-3

减小.

　　然而,如果我们尝试直接比较图表,则会发现一些问题.首先,随着 n 变大,条形图的中间值一直向右移动.另一方面,随着整个条形图越来越多地散布于收益轴,它的分布也变得越来越平坦:如果掷出 10 次硬币,则最有可能的收益是 5,其概率为

$$\frac{\binom{10}{5}}{2^{10}} \approx 0.246$$

如果掷 20 次硬币, 则最有可能的收益是 10, 其概率为

$$\frac{\binom{20}{10}}{2^{20}} \approx 0.176$$

如果掷 50 次硬币, 则出现 25 次"正面"的概率为

$$\frac{\binom{50}{20}}{2^{50}} \approx 0.112$$

掷 100 次硬币中恰好有 50 次"正面"的概率仅为 0.080, 并且随着 n 的增加, 这种趋势将继续. 这是合理的: 正如我们所说的, 图表中条形的总面积为 1, 因此, 随着图表中散布的条形越多, 它的整体趋势就会变得越扁平. 因此, 如果我们简单地思考这些条形的前进方向, 答案将是: x 轴.

但我们有一种方法可以调整这种趋势, 并可以直接将这些游戏进行比较. 首先要做的是调整期望值来停止向右移动的趋势. 据我们所知, 只需从游戏中减去数字 $n/2$ 即可, 也就是说, 使出现 k 次正面的收益为 $k-n/2$ 而不是 k. 于是, 收益范围变为 $-n/2$ 到 $n/2$, 且最有可能为 0: 直方图相应地以 0 为中心. 例如, 图 13-4 是调整后的游戏 $G(8)-4$ 的图, 其中我们掷出 8 次硬币, 记录出现"正面"的次数并减去 4.

此时仍然存在图越来越扁平化的问题, 但我们也有一种自然的处理方法: 将游戏标准化, 使其方差为 1. 你可以这样思考: 随

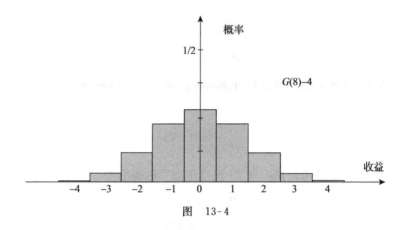

图 13-4

着掷硬币的次数越来越多，可能的收益越来越远离中心（现在为 0）. 你预计的方差也会相应地增加，并且确实如此：我们看到原始游戏 G 的方差（掷一次硬币，如果出现"正面"，则获得收益 1）是 $1/4$，因此，游戏 $G(n)$ 的方差只是它的 n 倍. 换句话说，

$$\mathrm{var}\left(G(n) - \frac{n}{2}\right) = \mathrm{var}(G(n)) = \frac{n}{4}$$

为了使方差为 1，需将收益除以原方差的平方根. 换句话说，当 n 变大时，我们将图中 x 对应的可能收益缩小为 $\sqrt{n}/2$. 此时，条形仍在图中散布，但在接近 0 的位置更集中. 请注意，我们得到的新游戏是掷 n 次硬币并获得收益

$$a_k = \frac{k - \dfrac{n}{2}}{\dfrac{\sqrt{n}}{2}} = \frac{2}{\sqrt{n}}\left(k - \frac{n}{2}\right)$$

这是游戏 $G(n)$ 的标准化形式，如 12.3 节所述，因此可以称其为 $G(n)_0$.

我们还需要进一步修正直方图．当将 x 轴缩小 $\sqrt{n}/2$ 时，条形的总面积不再为 1. 为了恢复该值并防止直方图扁平化，需要同时将其沿竖轴方向拉伸相同的因子．生成的直方图（本质上是游戏 $G(n)_0$ 的直方图，但沿竖轴拉伸了 $\sqrt{n}/2$），称为 $G(n)$ 的标准化直方图．

完成这些操作后，我们得到好消息——随着 n 的增加，游戏 $G(n)$ 的标准化直方图越来越靠近一个固定曲线（众所周知的钟形曲线）的区域．这个曲线已经有 2 个多世纪的历史了，它最早是由高斯提出的，这可能是有史以来最伟大数学家的成就之一．

对我们来说，结论是显而易见的：如果我们想回答本章开始时提出的问题（比如说掷 100 次硬币出现 60 次或更多次的"正面"）的可能性，可以这样考虑：如果绘制游戏 $G(100)$ 的直方图，则该问题的答案是位于 60 的右侧条形的总面积．随后，理论上可以将所有条形的高度相加来计算这个面积（换句话说，将所有在 60 到 100 收益 k 对应的概率相加）．但是现在我们有了另一种方法．观察游戏 $G(100)$ 的标准化直方图，并考虑以正态分布作为近似值．然后，以钟形曲线下方对应部分的面积来近似位于 60 的右侧条形的总面积．我们可以在网上或表格中查找具体的数值．

不用说，钟形曲线（称为正态分布）已得到了广泛研究．它是一个函数的图像，即该函数具有如下表达式：

$$f(x) = \frac{1}{\sqrt{2\pi}} \mathrm{e}^{-\frac{x^2}{2}}$$

如果现在还没有进行计算，你可能不熟悉数字 e：它是一个自然常数，大约等于 2.7128. 鉴于此，我们可以至少定性地描述此函数的图的形状：由于将大于 1 的数字 e 增大为负幂（$-x^2/2$），所以当指数最小时结果将最大，即 $x=0$ 的情况．当 x 偏离 0 时，x^2 变大，而 $e^{-x^2/2}$ 相应变小．

但即使我们计算能力突出，也无法精确算出该曲线在两点之间的面积．为得出最终结果，正如前文所说的那样，可以查询表中的数值，如图 13-5 所示（由威廉·耐特创建）．

从 $-\infty$ 到 z 的概率表

z	0.00	0.01	0.02	0.03	0.04	0.05	0.06	0.07	0.08	0.09
0.0	0.5000	0.5040	0.5080	0.5120	0.5160	0.5199	0.5239	0.5279	0.5319	0.5359
0.1	0.5398	0.5438	0.5478	0.5517	0.5557	0.5596	0.5636	0.5675	0.5714	0.5753
0.2	0.5793	0.5832	0.5871	0.5910	0.5948	0.5987	0.6026	0.6064	0.6103	0.6141
0.3	0.6179	0.6217	0.6255	0.6293	0.6331	0.6368	0.6406	0.6443	0.6480	0.6517
0.4	0.6554	0.6591	0.6628	0.6664	0.6700	0.6736	0.6772	0.6808	0.6844	0.6879
0.5	0.6915	0.6950	0.6985	0.7019	0.7054	0.7088	0.7123	0.7157	0.7190	0.7224
0.6	0.7257	0.7291	0.7324	0.7357	0.7389	0.7422	0.7454	0.7486	0.7517	0.7549
0.7	0.7580	0.7611	0.7642	0.7673	0.7704	0.7734	0.7764	0.7794	0.7823	0.7852
0.8	0.7881	0.7910	0.7939	0.7967	0.7995	0.8023	0.8051	0.8078	0.8106	0.8133
0.9	0.8159	0.8186	0.8212	0.8238	0.8264	0.8289	0.8315	0.8340	0.8365	0.8389
1.0	0.8413	0.8438	0.8461	0.8485	0.8508	0.8531	0.8554	0.8577	0.8599	0.8621
1.1	0.8643	0.8665	0.8686	0.8708	0.8729	0.8749	0.8770	0.8790	0.8810	0.8830
1.2	0.8849	0.8869	0.8888	0.8907	0.8925	0.8944	0.8962	0.8980	0.8997	0.9015
1.3	0.9032	0.9049	0.9066	0.9082	0.9099	0.9115	0.9131	0.9147	0.9162	0.9177
1.4	0.9192	0.9207	0.9222	0.9236	0.9251	0.9265	0.9279	0.9292	0.9306	0.9319
1.5	0.9332	0.9345	0.9357	0.9370	0.9382	0.9394	0.9406	0.9418	0.9429	0.9441
1.6	0.9452	0.9463	0.9474	0.9484	0.9495	0.9505	0.9515	0.9525	0.9535	0.9545
1.7	0.9554	0.9564	0.9573	0.9582	0.9591	0.9599	0.9608	0.9616	0.9625	0.9633
1.8	0.9641	0.9649	0.9656	0.9664	0.9671	0.9678	0.9686	0.9693	0.9699	0.9706
1.9	0.9713	0.9719	0.9726	0.9732	0.9738	0.9744	0.9750	0.9756	0.9761	0.9767
2.0	0.9772	0.9778	0.9783	0.9788	0.9793	0.9798	0.9803	0.9808	0.9812	0.9817
2.1	0.9821	0.9826	0.9830	0.9834	0.9838	0.9842	0.9846	0.9850	0.9854	0.9857
2.2	0.9861	0.9864	0.9868	0.9871	0.9875	0.9878	0.9881	0.9884	0.9887	0.9890
2.3	0.9893	0.9896	0.9898	0.9901	0.9904	0.9906	0.9909	0.9911	0.9913	0.9916
2.4	0.9918	0.9920	0.9922	0.9925	0.9927	0.9929	0.9931	0.9932	0.9934	0.9936
2.5	0.9938	0.9940	0.9941	0.9943	0.9945	0.9946	0.9948	0.9949	0.9951	0.9952
2.6	0.9953	0.9955	0.9956	0.9957	0.9959	0.9960	0.9961	0.9962	0.9963	0.9964
2.7	0.9965	0.9966	0.9967	0.9968	0.9969	0.9970	0.9971	0.9972	0.9973	0.9974
2.8	0.9974	0.9975	0.9976	0.9977	0.9977	0.9978	0.9979	0.9979	0.9980	0.9981
2.9	0.9981	0.9982	0.9982	0.9983	0.9984	0.9984	0.9985	0.9985	0.9986	0.9986
3.0	0.9987	0.9987	0.9987	0.9988	0.9988	0.9989	0.9989	0.9989	0.9990	0.9990

图 13-5

右端尾概率

Z	P{Z to oo}	Z	P{Z to oo}	Z	P{Z to oo}	Z	P{Z to oo}
2.0	0.02275	3.0	0.001350	4.0	0.00003167	5.0	2.867 E-7
2.1	0.01786	3.1	0.0009676	4.1	0.00002066	5.5	1.899 E-8
2.2	0.01390	3.2	0.0006871	4.2	0.00001335	6.0	9.866 E-10
2.3	0.01072	3.3	0.0004834	4.3	0.00000854	6.5	4.016 E-11
2.4	0.00820	3.4	0.0003369	4.4	0.000005413	7.0	1.280 E-12
2.5	0.00621	3.5	0.0002326	4.5	0.000003398	7.5	3.191 E-14
2.6	0.004661	3.6	0.0001591	4.6	0.000002112	8.0	6.221 E-16
2.7	0.003467	3.7	0.0001078	4.7	0.000001300	8.5	9.480 E-18
2.8	0.002555	3.8	0.00007235	4.8	7.933 E-7	9.0	1.129 E-19
2.9	0.001866	3.9	0.00004810	4.9	4.792 E-7	9.5	1.049 E-21

图 13-5　　（续）

这些表的格式可能有所不同，当谈论在表格中查找正态分布的值时，指的都是上述表格.

以一个实例来学习如何使用这些表格，例如，上文中掷 100 次硬币的游戏. 为了标准化游戏 $G(100)$，我们先减去它的期望值 50，然后，将其除以方差的平方根（方差为 $100 \cdot 1/4 = 25$，因此方差的平方根为 5）从而得出 $G(100)$ 的标准化形式为

$$G(100)_0 = \frac{G(100) - 50}{5}$$

于是，原游戏 $G(100)$ 中收益 60 对应的标准化形式 $G(100)_0$ 的收益为

$$z = \frac{60 - 50}{5} = 2$$

当用正态分布近似 $G(100)$ 的标准化直方图时，$G(100)$ 的直方图中位于 60 右侧条形的总面积应等于正态分布的钟形函数下方位于 2 右侧的总面积. 几乎可以在每一本关于概率的书中查找到正态分

布表. 根据表中数据，得出钟形函数下方位于 2 右侧的总面积（或等价地，-2 左侧的总面积）约为 0.0228；因此，这就是我们掷 100 次硬币出现 60 次或更多次正面的（近似）概率.

同样，如果想算出掷 1000 次硬币出现 600 次或更多次正面的概率，可以通过正态分布来近似游戏 $G(1000)$ 的标准化直方图. 由于游戏 $G(1000)$ 的标准化形式为

$$G(1000)_0 = \frac{G(1000) - 500}{\sqrt{250}} \approx 0.063(G(1000) - 500)$$

因此游戏 $G(1000)$ 中收益 600 对应的标准化游戏中的收益为 $z = 6.3$. 根据该正态分布表，正态分布图位于 6.3 右侧的总面积的量级约为 10^{-10}，即十亿分之一. 这基本上不会发生. 如果你曾经掷过 1000 次硬币并确实出现了 600 次或更多次的正面，则另一种更为合理的解释是——该游戏可能被操纵.

让我们再举一些例子：

问题 13.1.1 假设你掷 400 次“均匀”的硬币. 出现 210 次以上“正面”的概率是多大？220 次以上“正面”的概率呢？230 次以上“正面”的概率呢？

解 这里讨论的是游戏 $G(400)$，首先求其标准化形式. 注意到该游戏的期望为 200，方差为 $400 \cdot 1/4 = 100$. 则该游戏的标准化形式为

$$G(400)_0 = \frac{G(400) - 200}{10}$$

$G(400)$ 中的收益大于 210 等价于标准化游戏 $G(400)_0$ 中的收益大于

$$z = \frac{210 - 200}{10} = 1$$

并且这近似于钟形曲线下方位于 $z=1$ 右侧的区域. 如果我们在表中查找值 $z=1$，则得该曲线下方 $z=1$ 左侧的面积为 0.8413，那么右侧的面积是 $1-0.8413=0.1587$. 因此，出现 210 次或更多次"正面"的可能性约为 0.16，或略小于 1/6.

其他几个问题也是类似的：游戏 $G(400)$ 中的收益大于 220 等价于标准化游戏 $G(400)_0$ 中的收益大于

$$\frac{220 - 200}{10} = 2$$

由正态分布表，$z=2$ 左侧的钟形曲线下方的面积为 0.9772，则其右侧的面积为 $1-0.9772=0.0228$，因此，抛 400 次硬币出现超过 220 次"正面"的概率约为 2.3%，这也是掷 44 次硬币出现超过 1 次正面的概率. 而考虑出现 230 次"正面"或更多次"正面"的概率时，这相对应于标准化游戏的收益为

$$\frac{230 - 200}{10} = 3$$

根据正态分布表，$z=3$ 线右侧的面积为 $1-0.9987=0.0013$，因此发生这种情况的可能性约为 1/750. ■

问题 13.1.2 现在，我们掷 1000 次硬币，然后考虑：

1. 出现 480 至 520 次"正面"的可能性有多大？
2. 出现 470 至 520 次"正面"的可能性有多大？

解 同样，我们从游戏 $G(1000)$ 的标准化形式开始：
由于方差为

$$\text{var}(G(1000)) = 1000 \cdot \frac{1}{4} = 250$$

所以游戏的标准化形式为

$$G(1000)_0 = \frac{G(1000) - 500}{\sqrt{250}} \approx \frac{G(1000) - 500}{15.81}$$

原始游戏 $G(1000)$ 的收益 480 和 520 对应于收益

$$\frac{480 - 500}{15.81} = -1.265 \quad \text{和} \quad \frac{520 - 500}{15.81} = 1.265$$

因此第一个问题的答案应该近似为钟形曲线在 $z = -1.265$ 和 $z = 1.265$ 之间的面积.

如何从表中寻找结果呢？表格中显示 $z = 1.265$ 这条线左侧的面积为 0.8971（对于 $z = 1.26$ 的值 0.8962 和 $z = 1.27$ 的值 0.8990，我们取中间值），所以这条线右边区域的面积为

$$1 - 0.8971 = 0.1029$$

由钟形曲线的对称性，$z = -1.265$ 这条线左侧的面积相同，因而中间的面积为

$$1 - 0.1029 - 0.1029 = 0.7942$$

因此，出现"正面"的次数在 480 和 520 之间的概率约为 4/5.

我们对第二个问题进行类似处理. 原始游戏 $G(1000)$ 的收益 470 对应于标准游戏的收益为

$$\frac{470 - 500}{15.81} = -1.90$$

根据表格，$z = 1.90$ 线左侧的面积为 0.9713. 由对称性，这与 $z = -1.90$ 线右侧的面积相同，因此 $z = -1.90$ 线左侧的面积为 $1 - 0.9713 = 0.0287$. 则 $z = -1.90$ 和 $z = 1.265$ 线之间区域的面积为

$$1 - 0.1029 - 0.0287 = 0.865$$

或约为 7/8.

我们应该在本节结尾对边界值进行进一步注解. 精明的读者会注意到, 在最后一个问题中——如果掷 1000 次硬币, 那么出现 470 到 520 次 "正面" 的可能性是多大?——我们并不特意指定 "470 到 520 之间" 是否包含 470 或 520, 即考虑恰好出现 470 次 "正面" 的情况是否有价值, 而寻找 (近似) 解的方法似乎没有考虑到这一点: 我们只得出对应于 470 和 520 的标准化形式游戏的值 $z = -1.90$ 和 $z = 1.265$, 并且查找它们之间的钟形曲线下区域的面积. 这是怎么回事呢?

答案是, 我们实际上只是得到一个大概的结果, 恰好出现 480 次 "正面" 的可能性很小 (该值恰在我们感兴趣的范围的边界上), 并且在近似的误差范围内. 具体来说, 出现 480 次 "正面" 的概率是

$$\frac{\binom{1000}{480}}{2^{1000}} \approx 0.0042$$

即少于 5%. 如果考虑该问题 "包含边界值", 并且希望尽可能提高近似值的准确性, 则可以说 "在 469.5 和 520.5 之间" 来消除歧义. 同样, 如果考虑 "不包含边界值", 即不包括 470 和 520, 则可以说 "介于 470.5 和 519.5 之间". 不过, 在本书的内容里, 我们不必担心这些点.

习题 13.1.3 假设游戏 G 为掷一枚 "不公平" 的硬币, 该硬币平均有 60% 的概率出现 "正面", 而有 40% 的概率出现 "反面". 如

果硬币"正面"朝上，则收益为 1；反之，则收益为 0. $G(100)$ 游戏的标准化形式是什么？

13.2　每个游戏都是正态的

现在，如果你真的非常喜欢掷硬币这个游戏，那么我们在上一节中的所有工作都很出色. 但要面对现实：如果只估计掷多次硬币出现"正面"的次数在一定范围内的概率，那么正态分布的应用范围则有限.

下面是令人惊叹的部分，也是钟形曲线在人类生活的许多领域如此普遍的原因. 假设我们从任一游戏开始，记游戏为 H：任一游戏是指该游戏有任何（有限）数量的可能发生的结果、任意概率以及任意收益. 自然地，H 的直方图可以是任何你想要的形状，只要直方图中条形的总面积为 1 即可. 假设我们独立重复进行游戏 H，并累加最终的收益，也就是说，假设考虑游戏 H 的充分大的 n 次重复：

$$H(n) = \underbrace{H + H + \cdots + H}_{n 次}$$

值得注意的是，无论游戏 H 是什么，对于充分大的 n，$H(n)$ 的标准化直方图将近似于正态分布.

换句话说，正态分布不仅能描述掷多次硬币的"极限情况"，而且能描述任一游戏多次重复的极限情况. 因此，可以使用正态分布来近似估计任一游戏的大量重复试验结果在一定范围内的概率，这就是我们在以下例子中所要讨论的.

我们从一个简单的掷骰子游戏开始:

问题 13.2.1 假设掷 100 个骰子. 出现多于 25 次 "6" 点的概率是多少?

解 这是一个非常简单的游戏,记为 H:掷一个骰子,如果出现 "6" 点,则收益为 1,反之为 0,如表 13-1 所示.

表 13-1

结果	6	不是 6
概率	1/6	5/6
收益	1	0

首先指出 H 的期望值和方差. 回顾之前计算期望值的方法:你仅有 1/6 的机会获得 1,则期望值是 1/6. 对于方差,由第 12.1 节的公式得

$$\text{var}(H) = \frac{1}{6}\left(1 - \frac{1}{6}\right)^2 + \frac{5}{6}\left(0 - \frac{1}{6}\right)^2 = \frac{5}{36}$$

现在的问题为,在游戏 $H(100)$ 中,收益大于 25 (含 25) 的概率是多少?首先,我们考虑游戏 $H(100)$ 的标准化形式:$H(100)$ 的期望值为 100 乘以游戏 H 的期望值,即 $100/6$;$H(100)$ 的方差为 100 乘以游戏 H 的方差,即 $500/36$. 于是,该游戏的标准化形式为

$$H(100)_0 = \frac{H(100) - \dfrac{100}{6}}{\sqrt{\dfrac{500}{36}}} \approx \frac{H(100) - 16.67}{3.727}$$

游戏 $H(100)$ 的收益 25 对应于标准化游戏的收益为

$$z \approx \frac{25 - 16.67}{3.727} \approx 2.236$$

大于该收益的概率近似于正态分布位于线 $z = 2.236$ 右侧的面积.由正态分布表,线 $z = 2.236$ 左侧的面积是 0.9873,所以其右侧的面积为

$$1 - 0.9873 = 0.0127$$

此即为掷 100 次骰子出现多于 25 次 "6" 点的近似概率. ■

接下来,我们考虑一个有 2 种以上可能的结果的例子.

问题 13.2.2 假设你掷 100 次骰子,并将每次出现的结果相加.该游戏中的期望值为 350. 则其收益大于 400 的概率是多少?

解 同样,我们从一个基准游戏 G 出发:你掷一个骰子,收益为骰子出现的数字(即原问题的游戏为 $G(100)$).显然,游戏 G 和上一个问题中的游戏 H 出现的事件相同,但收益不同,如表 13-2 所示.

表 13-2

结果	1	2	3	4	5	6
概率	1/6	1/6	1/6	1/6	1/6	1/6
收益	1	2	3	4	5	6

该游戏的期望为

$$\mathrm{ev}(G) = \frac{1}{6} \cdot 1 + \frac{1}{6} \cdot 2 + \frac{1}{6} \cdot 3 + \frac{1}{6} \cdot 4 + \frac{1}{6} \cdot 5 + \frac{1}{6} \cdot 6 = \frac{21}{6}$$

即 3.5. 该游戏的方差为

第 13 章 正 态 分 布

$$\text{var}(G) = \frac{1}{6}(1-3.5)^2 + \frac{1}{6}(2-3.5)^2 + \frac{1}{6}(3-3.5)^2$$

$$+ \frac{1}{6}(4-3.5)^2 + \frac{1}{6}(5-3.5)^2 + \frac{1}{6}(6-3.5)^2$$

$$= \frac{1}{6} \cdot \frac{25}{4} + \frac{1}{6} \cdot \frac{9}{4} + \frac{1}{6} \cdot \frac{1}{4} + \frac{1}{6} \cdot \frac{1}{4} + \frac{1}{6} \cdot \frac{9}{4} + \frac{1}{6} \cdot \frac{25}{4}$$

$$= \frac{70}{24}$$

游戏 $G(100)$ 的期望值为 3.5×100，即 350，游戏 $G(100)$ 的方差为

$$\text{var}(G(100)) = 100 \times \frac{70}{24} \approx 291.7$$

进一步，游戏 $G(100)$ 的标准化形式为

$$G(100)_0 \approx \frac{G(100) - 350}{\sqrt{291.7}} \approx \frac{G(100) - 350}{17.08}$$

于是，原游戏中收益 400 对应的标准化游戏中的收益为

$$z \approx \frac{400 - 350}{17.08} \approx 2.93$$

因而，游戏 $G(100)$ 中收益大于等于 400 的概率近似于（标准）钟形曲线位于线 $z = 2.93$ 右侧的区域的面积．由正态分布表，线 $z = 2.93$ 左侧的面积为 0.9983，因而其右侧面积为 $1 - 0.9983$，即 0.0017. 这就是此问题的答案． ■

回顾 8.1 节，我们考虑以下练习：

习题 13.2.3 这是一个普通版的幸运游戏：你支付 1 美元可以掷 3 次骰子．如果出现一次 6 点，则你赢得 2 美元；如果出现两次 6 点，则赢得 3 美元；如果三次都出现 6 点，则赢得 4 美元．

如表 13-3 所示.

表 13-3

结果	没有出现 6	出现一次 6	出现两次 6	出现三次 6
概率	$(5/6)^3$	$3\,(1/6)(5/6)^2$	$3\,(1/6)^2(1/6)$	$(1/6)^3$
近似值	0.589	0.347	0.069	0.0046
收益	-1	1	2	3

1. 求这个版本的幸运游戏的期望值和方差.

2. 你玩这个游戏 100 次,则赢钱的概率是多少?即总收益大于 0 的概率是多少?

习题 13.2.4 假设你掷 100 次骰子.出现多于 25 次 6 点的概率是多少?

13.3 标准差的重要性

13.2 节中的两个例子都是讨论掷 100 次骰子的游戏,但事件对应的收益不同.在问题 13.2.1 中,我们只记录出现 6 点的次数,其期望值为 100/6,约 16.67.进一步,我们关心出现多于 25 次 6 点的概率是多少,也就是说比期望值高 50% 的概率.通过计算,我们发现该概率为 0.0127.

相比之下,在问题 13.2.2 中,我们考虑掷 100 次骰子的总和是否超过 400,即仅比期望值高 14%——这似乎比问题 13.2.1 中考虑的事件更接近期望值.然而该事件发生的概率要低得多:是 0.0017,而不是 0.0127.这是怎么回事?

答案并不难. 关键在于, 假设我们考虑任一游戏 G, 且该游戏重复充分大的 n 次 $H = G(n)$, 则 H 的标准化直方图看起来像标准的钟形曲线. 如果要求 H 的收益超过某个值 A 的可能性, 则真正计算的是游戏 H 的标准化形式 H_0 的对应值 z, 即

$$z = \frac{A - ev(H)}{std(H)}$$

此时, 我们考虑的 A 与 H 的期望值 $ev(H)$ 之间的差异不是差值或关于 $ev(H)$ 的百分比, 而是它们的差值是标准差 $std(H)$ 的几倍. 例如, 如果差值 $A - ev(H)$ 等于标准差 $std(H)$, 则收益超过 A 的概率是 $1 - 0.8413$, 或约为 0.1587; 如果差值 $A - ev(H)$ 是标准差 $std(H)$ 的 2 倍, 则收益超过 A 的概率是 $1 - 0.9772$, 或约为 0.0228, 依此类推.

进一步, 游戏 G 的 n 次重复 $H = G(n)$ 的标准差与 G 的标准差成正比 (即 $\sqrt{n} \cdot std(G)$). 因此, 如果原游戏 G 的方差越大, $G(n)$ 收益与其期望值相差于给定的百分比的概率就越大.

要了解上述结论是如何体现在实际游戏中的, 则需要注意, 第二个例子中的原游戏 G 的收益是从 1 平均分布到 6, 而在第一个例子中, 它们都集中在一个概率为 $1/6$ 的可能结果上. 于是, 问题 13.2.2 中原游戏 G 的标准差与期望值的比值比问题 13.2.1 中的小: 这是因为, 在问题 13.2.1 中,

$$ev(H) = 0.1667, \quad std(H) = \sqrt{\frac{5}{36}} = 0.373$$

于是,

$$\frac{std(H)}{ev(H)} = 2.236$$

第三部分　大数定律

作为比较，在问题 13.2.2 中，

$$\mathrm{ev}(G) = 3.5, \quad \mathrm{std}(G) = \sqrt{\frac{70}{24}} = 1.708$$

于是，

$$\frac{\mathrm{std}(G)}{\mathrm{ev}(G)} = 0.488$$

同样，可以考虑上述两个例子中重复游戏 $H(100)$ 和 $G(100)$ 的差异：在问题 13.2.1 中，

$$\frac{\mathrm{std}(H(100))}{\mathrm{ev}(H(100))} = \frac{3.727}{16.67} = 0.224$$

而在问题 13.2.2 中，

$$\frac{\mathrm{std}(G(100))}{\mathrm{ev}(G(100))} = \frac{17.08}{350} = 0.049$$

　　事实上，问题 13.2.1 中比期望收益高 50％的收益的标准化形式为 $z = 2.236$，该值实际上小于问题 13.2.2 中比期望收益高 14％的收益的标准化形式 $z = 2.93$，并且，相应的实际值与期望值相差很大的可能性在问题 13.2.1 中也较低．

　　总而言之，当我们试图弄清楚游戏多次重复的可能结果与期望值的差异有多大时，不是考虑它们之间差值的百分比，而是以标准差的倍数表示这个差异．

　　为进一步理解上面的内容，请思考以下练习．考虑 2 个游戏 G 和 H．在这 2 个游戏中，事件都是从 52 张标准牌组中任意选择一张牌．但是收益不同：在游戏 G 中，如果你得到的牌是 A，则赢得 10 美元，否则损失 1 美元；在游戏 H 中，如果你得到"9、10、J、Q、K、A"中的任意一张牌，则将赢得 1 美元，否则损失 1 美

元. 接下来, 请考虑如果每个游戏玩 100 次会怎样 (游戏 $G(100)$
和 $H(100)$). 请注意, 由于游戏指定从 52 张牌组中随机选择一张
牌, 因此, 如果你玩 100 次游戏, 则必须在每次选择后放回所选
的牌并重新洗牌 (或使用 100 套标准牌, 这似乎更简单).

习题 13.3.1 在刚刚介绍的游戏 G 和 H 中:

1. 计算 $G(100)$ 和 $H(100)$ 的期望值. 特别地, 证明从长远
   来看, $H(100)$ 对你更有利, 即证明 $H(100)$ 的期望值大
   于 $G(100)$ 的期望值.

2. 计算 $G(100)$ 和 $H(100)$ 的方差.

习题 13.3.2

1. 根据上一个问题的答案, 估计玩 100 次游戏 G 后你赢钱
   (即收益为正) 的概率. 同样, 估计玩 100 次游戏 H 后你
   赢钱的概率.

2. 虽然游戏 H 相对游戏 G 对你更有利, 但你玩 100 次游戏 G
   会更有可能赢钱, 请解释原因.

13.4 投票

到目前为止, 我们介绍的大多数示例都与赌博游戏有关. 正
如之前所解释的, 这是因为它更简洁: 在赌博游戏的背景下, 我
们可以识别和控制所有相关因素. 但是, 如果我们愿意忽略很多
潜在的重要因素, 则可以在许多其他背景下采用这种估算方法.
这里将举一个相对简单的例子: 政治选举投票. 特别地, 我们最

终将回答一个紧迫的问题：当某项民意调查具有" 3％的误差"时，这实际上会意味着什么？

这个例子表述如下．假设目前正进行总统大选，2 个候选人为特蕾茜和保罗．假设目前有 55％的人投票给特蕾茜，而只有 45％的人投票给保罗．我们通过随机选择 1000 名合格选民并询问他们的意向来进行民意调查．问题是，我们的民意调查结果与实际情况相差超过 3％的可能性是多少？换句话说，在我们的民意调查结果中，少于 52％或超过 58％的人投票给特蕾茜有多大的可能性？

我们可以完全将这个示例看成一个游戏，然后根据本章中学到的知识来回答其中的问题．首先，我们介绍一个简单的游戏 G，在游戏中，随机选择一个选民并询问他给谁投票．如果随机选民是特蕾茜的支持者，则回报为 1；如果他们是保罗的支持者，则回报为 0．如表 13-4 所示．

表 13-4

结果	特蕾茜	保罗
概率	0.55	0.45
收益	1	0

该游戏的期望值为 $0.55 \times 1 = 0.55$，方差为
$$\text{var}(G) = 0.55(1-0.55)^2 + 0.45(0-0.55)^2 = 0.2475$$
则玩 1000 次游戏 G 后，游戏 $G(1000)$ 的方差为
$$\text{var}(G(1000)) = 247.5$$
且游戏 $G(1000)$ 的标准化形式为
$$G(1000)_0 = \frac{G(1000)-550}{\sqrt{247.5}} \approx \frac{G(1000)-550}{15.73}$$

那么，我们的民意调查出现特蕾茜的支持率增加了至少 3% 的可能性是多少呢？也就是说，游戏 $G(1000)$ 的实际收益为 580 及以上的概率是多少？我们注意到，$G(1000)$ 中的收益为 580 或以上对应于标准化游戏 $G(1000)_0$ 的收益为

$$z = \frac{580 - 550}{15.73} = \frac{30}{15.73} = 1.907$$

根据上文的正态分布表，钟形曲线下方的 $z = 1.907$ 线左侧区域的面积为 0.9717，而该线右侧的相应区域的面积为 $1 - 0.9717 = 0.0283$. 然后，我们可能会估计，假设特蕾茜的支持率为 0.55，那么进行的 1000 次民意调查有超过 580 个选民支持特蕾茜的可能性约为 0.0283. 从对称性上讲，我们的民意调查在另一个方向上偏离 3% 以上的可能性（即在我们随机选择的 1000 名选民中，不到 520 位支持特蕾茜）是相同的. 因此，最终的民意调查中特蕾茜支持率比 0.55 偏离 3% 或更多的可能性为 $0.0283 + 0.0283$，即 0.0566（略高于 5%）.

因此，如果我们知道实际情况（所有选民中有 55% 赞成特蕾茜，而有 45% 赞成保罗），则可以计算出民意调查偏离给定数值的可能性. 但这仍然没有回答我们的问题：某项民意调查具有 "3% 的误差" 意味着什么？现在我们可以回答它. 我们仍从这个例子开始. 按照惯例，我们说 "民意调查中 55% 的选民支持特蕾茜" 这一结论有 3% 的误差是指：此项民意调查中，偏离 "特蕾茜有 55% 支持率" 3% 的概率约为（略高于）5%.

由于特蕾茜的支持率减少了 3% 的概率与保罗的支持率减少了 3% 的概率相同，这意味着 580 人以上支持特蕾茜的概率约为（略

高于）2.5％，并且 520 人以下支持特蕾茜的概率也约为（略高于）2.5％. 这大致对应于表中 $z=\pm 2$ 的值，换句话说，该误差幅度通常被认为是游戏标准差的 2 倍.

我们采用同样的方法考虑更一般的情况：一项民意调查中"某人的支持率为 n％的误差为 $\pm k$％"意味着，我们的民意调查的结果超出 $n\pm k$％范围的可能性约为 5％[⊖].

因此，在我们的示例中，不能说这项民意调查的误差就是 3％（假设 55％的选民的确支持特蕾茜，而民意调查的结果低于 52％或超过 58％的概率刚好略高于 5％），但是如果对 2000 个选民进行了民意调查（见习题 13.4.1），则可以这样说.

习题 13.4.1 假设现在有 2000 人进行投票，而不是 1000 人. 该项投票的结果与实际相差超过 3％的概率是多少？如果仅抽样 500 名选民呢？

习题 13.4.2 再次处理刚才描述的相同情况，假设我们调查了 1000 人，结果偏离 5 个百分点或更多的概率是多少？

习题 13.4.3 假设现在对 1500 名选民进行一次民意调查，发现 60％的人喜欢特蕾茜我们可以说民意调查有 3％的误差吗？

习题 13.4.4 特蕾茜和保罗正在竞选米德尔敦市长，其中 60％的选民支持特蕾茜，而 40％的选民支持保罗. 我们进行了一项

⊖ 你可能希望这样解释民意调查的误差：假设支持特蕾茜的选民比例低于 52％，则有 2.5％的概率出现 3％的偏差误差使得 55％的选民更喜欢特蕾茜，这种情况会更好. 同样，如果实际百分比超过 58％，则民意调查得出的 55％或更低的概率也约为 2.5％. 但实际上，我们通常采用上文的定义，因为：a) 陈述起来更简单；b) 更容易计算；c) 除极端情况外，两者足够接近.

民意调查，其中随机选择了 100 名选民．民意调查显示多数赞成保罗的可能性是多少？

13.5　民意调查的偏差

在此，我们需要注意的不是民意调查的精美印刷，而是报道民意调查结果的新闻标题．首先，尽管有些报道断言某项民意调查"有 3% 的误差幅度"，但我们无法保证它不会超出此范围．如果你抛掷一枚公平硬币 1000 次，则出现 550 次以上或少于 450 次正面的可能性很小（约为 5% 的概率），但也有可能发生．一般来说，当所有报道都说民意调查具有一定的误差幅度时，基本上就不太可能（比如少于 5% 的概率）偏离太多．

我们需要注意的不止如此．实际中，民意调查中充斥着其他因素的干扰，这些因素可能会使结果产生偏差，其中包括：

- 如何选择样本：例如，你是通过打电话询问选民相关信息吗？你有通过互联网进行调研吗？这会影响结果吗？
- 你实际上在调研哪些选民：合法的选民？已登记选民？可能的选民？或者你是否透露了选民们可能的投票意向？
- 如何表述你的问题：即使你的目的是获得诚实的结果，你也很容易（就像人们所发现的那样）通过在询问中使用（或省略）关键字来歪曲民意调查的结果．

要了解其他因素对民意调查的可靠性有多大影响，可以阅读 2010 年大选的初步调查分析，网址为 https://fivethirtyeight.com/features/rasmussen-polls-were-biased-and-inaccurate-quinnipiac-survey-usa-performed-strongly/.

如果向下滚动至表格，你会发现每家投票公司的民意调查（甚至被称赞为最准确的民意调查）平均减少了 3％以上．尽管有这样一个事实，但几乎所有民意调查的统计误差幅度（即上面定义的误差幅度）均为±3％．关键是，这些错误并不是由于随机波动而引起的，它们反映了此处列出的细微的（有时是不太细微的）偏差．

13.6　混合的游戏

至此，我们已经介绍完了本章的基本内容，进一步探讨本章涉及的内容需要更多的数学语言和技术．但是，我们需要记住本章讨论的相关内容有两个关键的事实．

你可以玩任何一个游戏，如果重复足够多次并迭代累加其结果，则游戏的标准化直方图总会呈现钟形曲线的走势．但这似乎还是有较多实际限制的：毕竟，在现实生活中，你不一定会一次又一次地重复玩同一个游戏．

事实上，这一类问题还可以不断延伸，这才是钟形曲线无处不在的很大一部分原因．

首先，假设我们不是重复一个游戏很多次，而是进行着一系列不同的游戏 $G1$，$G2$，$G3$，$\cdots$．此外，假设它们的期望值和方差都在某个固定范围内．我们将这些游戏相加：

$$H_1 = G_1$$

$$H_2 = G_1 + G_2$$

$$H_3 = G_1 + G_2 + G_3$$

等等．设 H_n 为前 n 个游戏的总和，即 $H_n = G_1 + G_2 + \cdots + G_n$．于

是，令人惊讶的是，前文的结论同样成立：对于足够大的 n，H_n 的标准化直方图近似于钟形曲线.

这就是钟形曲线无处不在的原因. 以给定人群的身高分布为例. 一个人的身高是许多因素共同作用的结果：影响身高的基因很多，此外，营养摄入等环境因素也会影响身高.

现在，如果描述美国人的身高分布，可以将其视为游戏 H：在美国随机选择一个人，其收益是以英寸为单位的身高. 而这个游戏又是许多其他游戏的总和：影响身高的基因、家庭收入、文化、饮食，等等. 结果是，如果要创建一个描述该游戏的直方图，则其形状会非常类似于钟形曲线.

同样，大多数现象都可以被认为是许多小因素作用的总和. 最终，这就是为什么正态分布在生活中如此普遍的原因.

在这一点上需要注意，在本章之前的每一章，我们都讨论了确切的概率. 相比之下，本章中的描述都是"近似""大约"或"粗略". 从某种意义上说，这是必要的：正如我们已经说过的，在现实生活中，有太多因素会影响每个结果是否可以精确计算概率；如果希望我们讨论的主题在赌场之外也具有适用性，就必须忍受一些不精确的事情.

但是绝不能忘记我们近似的方式. 例如，我们说："给定任何游戏 G，对于较大的 n，游戏 $G(n)$ 的标准化直方图近似于钟形曲线."但是，"对于较大的 n"是什么意思？n 需要有多大才能成为一个合理的近似？我们应该讨论什么样的近似误差？

如果我们非常谨慎地量化所有内容并拥有许多可用的数学工具，则有多种方法可以解决此问题. 但不幸的是，人们从可控的科学环境中获得越多,对所有事物进行完全量化的可能性就越小,而从定性和经验法则的角度讨论一切的诱惑就越大.最终,这就像迪斯雷利所说的那句俗语一样:"世界上有三种谎言——谎言、该死的谎言和统计数据."我们将在最后一章中进一步讨论这一点.

第 14 章

不要在家中尝试这个

几年前，我们中的一人不幸卷入了一场纠纷，这场纠纷发生在哈佛大学游泳池的管理者和一群游泳爱好者之间．当地的一支游泳队获许使用该游泳池进行一些练习，这意味着在这些时间里，有些泳道将不能用于休闲游泳，因而一些游泳爱好者对此感到不满．

我们做了一件大概数学家都会做的事：我们计算了哈佛大学泳池可供休闲泳道的总小时数，并将其与该地区其他大学提供休闲泳道的小时数进行了比较．我们发现，哈佛大学提供泳道的小时数大约是时长列第二的大学的 3 倍，是其他大多数大学的 10 倍以上．

这并没有让那些游泳爱好者冷静下来．这个组织的管理者尤其生气．"数字！"她吐了口唾沫，"你可以用数字证明任何事情！"

那么，数字的名声为什么会如此糟糕呢？在最后一章中，如果你感兴趣的话，我们将看看数字（特别是在概率中）是如何被误用的：统计学的最大失误．

14.1 逆条件概率

在第 9 章中已经讨论过了概率被误用的一种情况，但我们仍然需要复述一下．如果 A 和 B 是两个随机事件，概率 $P(A|B)$ 本质上和概率 $P(B|A)$ 是不一样的．但正如我们最近所了解的，即使是我们中讲这个内容的人也不一定总是遵循自己所教的．

我们中的一个人在上个月去看医生的时候意识到了这一点．医生刚刚收到了一份常规血样的结果，报告说前列腺特异性抗原（PSA）的数值很高．医生随后建议进行前列腺活检．当被问及原因时，他回答说："嗯，我们发现在前列腺癌患者中，大部分患者的 PSA 数值都偏高．"

现在，很显然我们要说："不，你这个统计文盲！问题不是患前列腺癌情况下 PSA 升高的概率，而是 PSA 升高情况下患前列腺癌的概率！它们不是一回事，任何一个 *Fat chance* 的读者都会知道！"然后，当然，医生将对贝叶斯定理及其应用的后续讲座表示赞同．

但是，不幸的是，这种情况并没有发生．相反，病人默许了（在医生面前似乎总是这样）并被安排了活检．这是很令人警醒的．在健康维护组织的管理层中，有人做了一个决定：如果患者的 PSA 值超过 4，他就应该做个活检．那个人知道贝叶斯定理吗？或者是否误用概率论做出了一个会影响许多人生命的决定？

14.2　伪阳性

即使医生已经意识到概率 $P(A|B)$ 和 $P(B|A)$ 之间的区别，他仍然应该意识到还有一个次要问题，这可能会严重影响公共健康．每次活检都有一定的并发症风险，可能来自手术本身，也可能来自由于观察到异常状况（但实际上是良性的）而下令进行的后续手术．因此，如果 PSA 偏高的患者实际患上前列腺癌的可能性很小，那么很可能的情况是，随访活检实际上对患者的健康构成的风险要大于前列腺癌的风险．

下面用数字来说明这一点（因为在我们看来，数字能让一切变得更清晰），想象一下一个病人去看医生．医生做了一个准确程度达 99％ 的检查来筛查一种特定的疾病——99％ 的病人检查呈阳性，99％ 的健康人检查呈阴性．医生知道只有 1％ 的人患有这种疾病．现在的问题是：如果病人检查呈阳性，那么病人患病的概率是多少？

因为这个检查的准确度为 99％，所以会认为答案也是 99％，但并不是：这个数字是病人在他们生病的情况下得到阳性检查结果的概率．相反，我们被要求计算病人在阳性检查结果下患病的概率，正如我们试图强调的，这通常不是一回事．因为患病的概率是 1/100，由 9.2 节中对条件概率的讨论可以得到：

$$P(\text{检查结果为阳性且患病}) = P(\text{患病}) \cdot P(\text{检查结果为阳性}|\text{患病})$$

$$= \frac{1}{100} \cdot \frac{99}{100} = \frac{99}{10^4}$$

为了使用贝叶斯定理，需要计算检查结果为阳性的总概率，

它是检查结果为阳性且患病的概率和检查结果为阳性且健康的概率之和. 后者也可以通过乘法法则来计算:

$$P(\text{检查结果为阳性且健康}) = P(\text{健康}) \cdot P(\text{检查结果为阳性} | \text{健康})$$

$$= \frac{99}{100} \cdot \frac{11}{100} = \frac{99}{10^4}$$

因此,

$$P(\text{检查结果为阳性}) = P(\text{检查结果为阳性且患病})$$
$$+ P(\text{检查结果为阳性且健康})$$
$$= \frac{198}{10^4}$$

最后, 根据贝叶斯定理, 假设检查结果为阳性下患病的概率是检查结果为阳性且患病的概率除以检查结果为阳性的概率:

$$P(\text{患病} | \text{检查结果为阳性}) = \frac{P(\text{检查结果为阳性且患病})}{P(\text{检查结果为阳性})}$$

$$= \frac{\dfrac{99}{10^4}}{\dfrac{198}{10^4}} = \frac{1}{2}$$

因此, 尽管该检查的准确率达到 99%, 但检测结果为阳性的患者实际上患相关疾病的概率只有 50%.

请注意, 假设检测结果为阴性, 则不患此病的概率远高于 50%, 因为无论什么情况下, 都是不患病的概率更大, 并且是否患病与检测结果是否为阴性呈正相关. (我们意识到这句话很拗口. 理解我们真正想表达的意思也是留给读者的一个练习. 另一个练习是计算假设检查结果为阴性时患者健康的概率.) 这种正相关性意味着, 如果你的检查结果是阴性, 那么你没有患病的概率甚至比我们已知的不患病的概率（即 99％）还要大.

　　由于这个原因，公共卫生官员通常建议医生不要对普通人群进行很罕见的疾病检查，因为即使检测结果呈阳性，也极有可能是伪阳性. 例如，除非有很强的家族遗传史或其他因素，医生不建议 20 多岁或 30 多岁的女性进行乳房 X 光检查以检测乳腺癌. 2004 年，随着人们开始普遍认识到伪阳性的问题，日本停止了对婴儿进行神经母细胞瘤的全民检查.

14.3　概率的误用

　　在上面这个沉重的话题之后，让我们回到幻想的世界. 假设特蕾茜和保罗已经完全放弃了政治，决定成为职业棒球运动员.

　　现在，棒球是一项对统计数据要求很高的运动，而所有棒球统计数据中最重要的可能是击球率. 本质上，这是击球手击中得分的次数除以他们击球的总次数. （因此，这是一个介于 0 和 1 之间的数字，但通常会省略前面的小数点，把它写成三位数. 更准确地说，我们将保留小数点的数字，但根据四舍五入惯例，保留到千分位. ）

　　接下来，假设特蕾茜和保罗作为棒球运动员的职业生涯时间完全相同，而且假设在这几年中，特蕾茜的击球率都比保罗的击球率高，那么特蕾茜的生涯总击球率会比保罗的生涯总击球率高也就顺理成章了，对吧？

　　不，事实上不是这样的. 虽然特蕾茜在其职业生涯的每一年都比保罗的击球率高，但是有可能保罗的职业生涯击球率更高！

表 14-1 是一个基于两年职业生涯的例子.

表 14-1

年份	特蕾茜击球数	得分	击球率	保罗击球数	得分	击球率
2009	10	4	0.400	100	35	0.350
2010	100	25	0.250	10	2	0.200
总计	110	29	0.264	110	37	0.318

在每一年中，特蕾茜的平均击球率都高于保罗（0.400 对 0.350；0.250 对 0.200），但保罗的职业生涯平均击球率是 0.318，高于特蕾茜的 0.264.

这是一个叫作辛普森悖论的例子. 只要你仔细想一想，就不难发现正在发生的事情：如果你看看这个表，便会发现保罗职业生涯中的大部分击球都发生在 2009 年，这一年他们都打得很好. 而特蕾茜的大部分击球都发生在 2010 年，这一年他们表现得都很挣扎.

现在，这可能是一个幻想和虚构的情况（虽然不是因为你可能会想到的原因——有传言说有一天一个女人会被美国职业棒球大联盟选中）. 但是，辛普森的悖论也发生在现实生活中. 一个著名的例子是关于加州大学伯克利分校研究生院的招生情况. 研究发现，在所有申请加州大学伯克利分校研究生项目的人中，入学率（入学人数除以申请人数）男性高于女性，这被认为是性别偏见的明显表现. 但当这些数字被进一步细分时，人们发现在每一个系，女性的入学率高于男性.

这怎么可能呢？基本上，这和特蕾茜和保罗的平均击球率是一样的：不同的系有完全不同的总体录取率，更多的女性申请了录取率较低的系.

14.4　随机相关

假设你掷一对硬币．它们朝上的面相同的概率——要么都是正面，要么都是反面——正好是 1/2．现在假设你掷出这对硬币，比方说，掷 100 次，那么它们有 65 次或更多次相同的概率是多少？

我们已经知道如何解决这个问题：不需要再重复一次这个过程，答案是这种情况发生的概率只有 0.001 35，或者大约 1/1000．如果这真的发生了，你当然有理由认为这两枚硬币之间存在联系——一枚影响了另一枚（如果这不显得很荒谬的话：但据我们所知，相互影响的硬币并不存在）．

现在假设你用 5000 对不同的硬币重复这个试验 5000 次．也就是说，我们要求你拿出 5000 对硬币，每对硬币掷 100 次，记录它们朝上的面相同的次数．如果两枚硬币 100 次中有 65 次或更多次相同的概率是 0.001 35，那么它们有 64 次或更少次不同的概率是0.998 65．现在 5000 对硬币没有一对出现超过 65 次相同的概率是

$$(0.998\,65)^{5000} \approx 0.0012$$

换句话说，情况正好相反：几乎可以肯定，在这 5000 对硬币中，至少有一对会表现出这种令人震惊的相互影响的行为．但我们不能由此推断某一对硬币之间有一种神秘莫测的联系，只能将其归因于这样一个事实：如果你把试验重复足够多次的话，即使是极不可能发生的事情也会偶尔发生．

接下来，假设我们拿出 100 枚硬币，然后掷 100 次．如果你仔细想想，在这 100 枚硬币中会有

$$\binom{100}{2} = \frac{100 \cdot 99}{2} = 4950$$

种配对方式．这就类似于上一个试验：你可以期望 100 个硬币中的某一对至少有 65 次结果是一致的．不过，你也不会推断出这两枚特定硬币之间有某种联系．

最后，假设你是一名医学研究人员，调查各种疾病的不同风险因素之间的相关性．你准备了一份冗长的问卷，包括 100 个问题，为了简单起见，假设目前这些问题都只需要回答"是"或"不是"，并且你预计大约一半的受访者会回答"是"，有一半会回答"不是"．你召集了 100 名愿意花时间填写问卷的试验者，他们做完之后，你检查了结果．

现在，如果你看任何两个问题，发现 100 个回答者中有超过 65 个做出了相同的回答，你有理由考虑这两个因素存在关联（如果不是因果关系）的可能性．正如我们所说，如果这两个因素确实不相关，那么这种情况发生的概率只是 1/1000．但你看到的不是两个问题的答案，而是 100 个问题．这很像上一个例子，类似于你掷出了 100 枚硬币：即使调查中的所有问题都涉及了完全不相关的因素——你的生日是一个月中的奇数日期还是偶数日期？你的名字是以字母 A 和 K 开头还是以字母 L 和 Z 开头？——几乎可以保证，你可以注意到某两个问题的答案之间具有联系．

这就是我们所说的随机相关．即如果查看足够多的数据，你可以而且几乎肯定会观察到两个因素之间明显的相关关系．当然，在发现了这种明显的联系之后，科学方法就要求你对这两个因素进行后续研究．如果你问 1000 个人这两个问题，65% 以上的人都同意，然后，你就可以合理地推断出它们中有某种联系（但更有可能的是——就像在问题真的不相关的情况下——无法证明有明显的相关性）．

　　不幸的是，在这些问题上，人们并不总是采用科学方法．面对现实吧：科学方法可能带来很多麻烦．它需要后续研究，这需要额外的时间、金钱和资源．而且——特别是当研究结果涉及政治或经济因素，而且初步研究的表面结果符合你的需求——这是一种拿到初步结果就放弃后续研究的诱惑．但正如这里的例子所示，这些结果最终会被证明毫无价值，从而给数字带来一个糟糕的名声．

14.5　随机性也许和直观并不相同

　　正如任何经历过青春期的人都会告诉你的那样，人类的大脑非常神奇．例如，数字的概念以及处理数字的能力似乎是我们与生俱来的：数字几乎和语言存在了同样长的时间．同样，概率的概念对我们来说似乎也是很自然的：赌博存在的时间也和这个差不多．

　　但这并不意味着我们擅长于此．在本节中，我们想要说明我们对概率特别是随机的直观感觉可以并且确实会把我们引入歧途．

　　在开始之前，我们先做一个试验．首先，拿出一支笔和一张纸，写下 100 个由字 H 和 T 随机组成的字符串——换句话说，如果拿出一枚"公平"的硬币，掷 100 次，将你希望得到的结果记录下来．然后，拿出一枚"公平"的硬币，掷 100 次，用 H 和 T

记录下试验结果.

你现在有两个由 H 和 T 构成的 100 个字母的序列. 它们类似吗? 事实上, 如果你是一个普通人, 那么它们会有很多不同之处: 一个受过训练的统计学家或概率统计学家马上就能分辨出哪个是你编的序列, 哪个是掷硬币产生的序列. 我们将在这里介绍其中一种方式: 条纹是否存在.

为了解决这个问题, 我们提出一个概率问题: 如果掷一枚 "公平" 的硬币 100 次, 我们能看到正面朝上连续出现多少次呢? 我们可以用一个游戏的方式来表达这个问题: 在一轮游戏中, 我们掷硬币 100 次, 收益是 n 美元, 其中 n 是出现连续正面朝上最多的次数. 因此, 收益可能高达 100 (如果每一次掷硬币都正面朝上), 或者低至 1 (例如, 硬币正面朝上和反面朝上交替出现), 或者甚至是 0 (如果每一次都反面朝上). 但这些结果都是极不可能发生的, 我们想知道最有可能发生的结果是什么. 例如, 我们可以问: 这个游戏收益的期望值是多少?

我们不会在这里解决这个问题. 这类似于我们在 10.3 节讨论的赌徒破产问题, 因为它要求我们考虑问题的更一般的形式 (任意次数的掷硬币, 一个可能不 "公平" 的硬币) 并应用条件概率; 在任何情况下, 我们现在所掌握的代数知识都不足以解决它. 但我们可以给你答案: 要么通过刻苦学习代数, 要么只是简单地让电脑大量模拟游戏并记录结果, 可以看到, 平均来说, 最多连续正面朝上的次数是 6.

现在回到你写出的由 H 和 T 构成的序列, 找出每个序列中最长的由 H 构成的连续序列. 根据我们刚才说的, 在真正随机的序列中——你通过掷 100 次硬币产生的序列——很容易出现 6 个或更多个连续出现的 *H*. 那你自己编的序列呢，大概是随机的？嗯，如果你像大多数人一样，最长的序列长度可能是 5 或更少. 换句话说，人类的大脑倾向于低估看似是非随机现象（如条纹）但实际是简单随机现象的可能性.

我们可以讨论人类为什么会这样进化的原因. 对人类来说，一项重要的生存技能是区分随机事件和因果事件的能力：我们对随机事件无能为力，但是，因果事件可能需要我们采取行动. 在那种情况下，将随机现象误认为是因果事件相对无害：认为天气不好仅仅是因为你在某种程度上惹恼了掌管天气的神，并向他们提供一个祭品，可能不会有多大好处，但也不会有任何坏处（当然，除了被当作祭品的动物），但是反过来就会出现错误——没有采取行动来处理一个你实际上可以解决的问题，因为你把它归因于随机事件——这可能是致命的（这里不考虑气候变化）. 在这方面，我们低估了一些随机现象（如条纹）的可能性也是有道理的.

撇开我们变幻莫测的心理过程不谈，事实是，作为一个物种，我们并不擅长区分随机现象. 一个著名的例子就是所谓的篮球界的"手感火热"谬论. 基本上，这是一种信念——根据一项调查，超过 90% 的篮球迷认为——一名球员的手感可能火热或冰冷，一名状态好的球员比他们职业生涯的平均水平更有可能投中下一球，反之亦然.（有趣的是，许多人也赞同相反的观点，称为赌徒谬论，即掷硬币连续出现很多次正面时应该会出现 1 次反面，所以下一次出现反面朝上概率比一般情况下要大.）

根据"手感火热"的谬论，如果观察一个职业生涯命中率为

50％的篮球运动员连续投篮的结果，应该会看到比连续掷硬币的情况下出现更长的连续命中次数．在一篇引发了 30 年争论的著名论文中，特沃斯基、托马斯·吉洛维奇和罗伯特·瓦隆对统计数据做了审查，但没有发现任何证据．这引发了几十年的研究，并且并不是所有的研究结果都和特沃斯基、吉洛维奇及瓦隆的一样．我们不会在这里采取任何立场，但实际想要指出的是，我们的概率直觉常常受到无意识的偏见的影响，我们应该持怀疑态度．这就是为什么在整本书中，我们一直敦促你思考我们提出的每一个概率问题，并在得出实际答案之前写下你的猜测：找出你的直觉可能会把你引入歧途的方式．

附录 A

本书数学公式全集

从 k 到 n 的整数（包含 k 和 n）的个数是 $n-k+1$.　　　(p. 5)

做出一系列独立选择的方式的数目是每一步中可选择数之积.　(p. 16)

从 n 个对象组成的集合中选择 k 个组成序列，可能的方式有 n^k 种.
　　　(p. 22)

不重复地从 n 个对象组成的集合中选择 k 个组成序列，可能的选择方式有 $n \cdot (n-1) \cdot (n-2) \cdots (n-k+1)$ 种.　　　(p. 22)

从 1 到 n 的数字的乘积 $n \cdot (n-1) \cdot (n-2) \cdot \cdots \cdot 3 \cdot 2 \cdot 1$ 记为 $n!$，称为 "n 的阶乘".　　　(p. 24)

不重复地从 n 个对象组成的集合中选择 k 个组成序列，可能的选择方式有 $\dfrac{n!}{(n-k)!}$ 种.　　　(p. 26)

集合中满足某个条件的元素个数等于集合中的元素总数减去不满足条件的元素个数. (p. 30)

对于给定池中的任意两组元素, 其并集中的元素数等于每组元素数之和减去其交集中的元素数:

$A \bigcup B$ 的元素数 $= A$ 的元素数 $+ B$ 的元素数 $- A \bigcap B$ 的元素数

(p. 40)

从 n 个对象中不重复地选择一个含 k 个对象的集合的方法数为

$$\frac{n!}{k!\,(n-k)!}.$$

(p. 47)

将 n 个对象分配到大小为 $a_1, a_2, \cdots, a_k$ 的集合的方法数为

$$\frac{n!}{a_1!\,a_2!\cdots a_k!}$$

(p. 65)

在 n 次掷硬币试验中出现 k 次正面的概率为 $\dfrac{\binom{n}{k}}{2^n}.$

(p. 72)

在帕斯卡三角中, 每一个二项式系数都是上一行相应的两项之和:

$$\binom{n}{k} = \binom{n-1}{k-1} + \binom{n-1}{k}$$

(p. 100)

$(x+y)^n$ 的展开式中 $x^k y^{n-k}$ 的系数为 $\binom{n}{k}.$

(p. 109)

从 n 元对象池中允许重复地选出一个 k 元对象集合, 这样的集合个数为

$$\binom{n+k-1}{k} = \frac{(n+k-1)!)}{(k!(n-1)!}$$

(p. 117)

附录 A　本书数学公式全集

若已知第 n 个卡塔兰数前出现过的所有卡塔兰数，c_n 便可借助以下公式计算得到：

$$c_n = c_0 c_{n-1} + c_1 c_{n-2} + c_2 c_{n-3} + \cdots + c_{n-2} c_1 + c_{n-1} c_0 \qquad \text{(p. 123)}$$

第 n 个卡塔兰数 c_n 可以用以下公式进行计算：

$$c_n = \frac{1}{n+1} \binom{2n}{n} \qquad \text{(p. 127)}$$

一个游戏或赌局的期望值等于其平均收益. 　　　　　(p. 141)

如果一个随机试验有 k 个可能发生的结果，发生的概率分别为 $p_1, \cdots, p_k$，相应的收益为 $a_1, \cdots, a_k$，那么这个随机试验的期望值为

$$\mathrm{ev} = p_1 a_1 + p_2 a_2 + \cdots + p_k a_k \qquad \text{(p. 151)}$$

设两个事件 A 或 B 会发生，但不同时发生. 则对其结果可能依赖于 A 和 B 的第三个事件 W，有

$$P(W) = P(A) \cdot P(W \mid A) + P(B) \cdot P(W \mid B) \qquad \text{(p. 169)}$$

给定两个事件，第一个事件有 A 或 B 两个可能发生的结果，第二个事件有 W 或 L 两个可能发生的结果，如果

$$P(W) = P(W \mid A) = P(W \mid B)$$

那么这两个事件是独立的. 　　　　　(p. 174)

给定一个可能发生的结果为 A 和 B 的随机试验和另外一个可能发生的结果为 M 和 N 的随机试验，则

$$P(A \cap M) = P(A) \cdot P(M \mid A) = P(M) \cdot P(A \mid M)$$

因此

$$P(M \mid A) = P(A \mid M) \cdot \frac{P(M)}{P(A)} \qquad \text{(p. 185)}$$

・ 301 ・

　　若每一次随机试验中结果 A 出现的概率为 p，那么在 n 次重复试验中结果 A 恰好出现 k 次的概率为

$$P\ (A\ 恰好出现\ k\ 次) = \binom{n}{k} p^k\ (1-p)^{n-k} \qquad \text{(p. 207)}$$

　　一个游戏的方差是其各结果的收益和期望值之间偏差平方的概率加权平均值：

$$\text{var}(G) = p_1\ (a_1 - \text{ev})^2 + p_2\ (a_2 - \text{ev})^2 + \cdots + p_k\ (a_k - \text{ev})^2 \quad \text{(p. 244)}$$

　　对一个游戏 G，它的标准化形式为如下新游戏：

$$G_0 = \frac{G - \text{ev}}{\sqrt{\text{var}}}$$

它具有相同的可能发生的结果和概率．新游戏调整了收益值，使其期望值为 0，方差为 1.

(p. 251)

附录 B

正态分布表

从 -∞ 到 z 的概率表

z	0.00	0.01	0.02	0.03	0.04	0.05	0.06	0.07	0.08	0.09
0.0	0.5000	0.5040	0.5080	0.5120	0.5160	0.5199	0.5239	0.5279	0.5319	0.5359
0.1	0.5398	0.5438	0.5478	0.5517	0.5557	0.5596	0.5636	0.5675	0.5714	0.5753
0.2	0.5793	0.5832	0.5871	0.5910	0.5948	0.5987	0.6026	0.6064	0.6103	0.6141
0.3	0.6179	0.6217	0.6255	0.6293	0.6331	0.6368	0.6406	0.6443	0.6480	0.6517
0.4	0.6554	0.6591	0.6628	0.6664	0.6700	0.6736	0.6772	0.6808	0.6844	0.6879
0.5	0.6915	0.6950	0.6985	0.7019	0.7054	0.7088	0.7123	0.7157	0.7190	0.7224
0.6	0.7257	0.7291	0.7324	0.7357	0.7389	0.7422	0.7454	0.7486	0.7517	0.7549
0.7	0.7580	0.7611	0.7642	0.7673	0.7704	0.7734	0.7764	0.7794	0.7823	0.7852
0.8	0.7881	0.7910	0.7939	0.7967	0.7995	0.8023	0.8051	0.8078	0.8106	0.8133
0.9	0.8159	0.8186	0.8212	0.8238	0.8264	0.8289	0.8315	0.8340	0.8365	0.8389
1.0	0.8413	0.8438	0.8461	0.8485	0.8508	0.8531	0.8554	0.8577	0.8599	0.8621
1.1	0.8643	0.8665	0.8686	0.8708	0.8729	0.8749	0.8770	0.8790	0.8810	0.8830
1.2	0.8849	0.8869	0.8888	0.8907	0.8925	0.8944	0.8962	0.8980	0.8997	0.9015
1.3	0.9032	0.9049	0.9066	0.9082	0.9099	0.9115	0.9131	0.9147	0.9162	0.9177
1.4	0.9192	0.9207	0.9222	0.9236	0.9251	0.9265	0.9279	0.9292	0.9306	0.9319
1.5	0.9332	0.9345	0.9357	0.9370	0.9382	0.9394	0.9406	0.9418	0.9429	0.9441
1.6	0.9452	0.9463	0.9474	0.9484	0.9495	0.9505	0.9515	0.9525	0.9535	0.9545
1.7	0.9554	0.9564	0.9573	0.9582	0.9591	0.9599	0.9608	0.9616	0.9625	0.9633
1.8	0.9641	0.9649	0.9656	0.9664	0.9671	0.9678	0.9686	0.9693	0.9699	0.9706
1.9	0.9713	0.9719	0.9726	0.9732	0.9738	0.9744	0.9750	0.9756	0.9761	0.9767
2.0	0.9772	0.9778	0.9783	0.9788	0.9793	0.9798	0.9803	0.9808	0.9812	0.9817
2.1	0.9821	0.9826	0.9830	0.9834	0.9838	0.9842	0.9846	0.9850	0.9854	0.9857
2.2	0.9861	0.9864	0.9868	0.9871	0.9875	0.9878	0.9881	0.9884	0.9887	0.9890
2.3	0.9893	0.9896	0.9898	0.9901	0.9904	0.9906	0.9909	0.9911	0.9913	0.9916
2.4	0.9918	0.9920	0.9922	0.9925	0.9927	0.9929	0.9931	0.9932	0.9934	0.9936
2.5	0.9938	0.9940	0.9941	0.9943	0.9945	0.9946	0.9948	0.9949	0.9951	0.9952
2.6	0.9953	0.9955	0.9956	0.9957	0.9959	0.9960	0.9961	0.9962	0.9963	0.9964
2.7	0.9965	0.9966	0.9967	0.9968	0.9969	0.9970	0.9971	0.9972	0.9973	0.9974
2.8	0.9974	0.9975	0.9976	0.9977	0.9977	0.9978	0.9979	0.9979	0.9980	0.9981
2.9	0.9981	0.9982	0.9982	0.9983	0.9984	0.9984	0.9985	0.9985	0.9986	0.9986
3.0	0.9987	0.9987	0.9987	0.9988	0.9988	0.9989	0.9989	0.9989	0.9990	0.9990

附录 B　正态分布表

右端尾概率

Z	P{Z to oo}	Z	P{Z to oo}	Z	P{Z to oo}	Z	P{Z to oo}
2.0	0.02275	3.0	0.001350	4.0	0.00003167	5.0	2.867 E-7
2.1	0.01786	3.1	0.0009676	4.1	0.00002066	5.5	1.899 E-8
2.2	0.01390	3.2	0.0006871	4.2	0.00001335	6.0	9.866 E-10
2.3	0.01072	3.3	0.0004834	4.3	0.00000854	6.5	4.016 E-11
2.4	0.00820	3.4	0.0003369	4.4	0.000005413	7.0	1.280 E-12
2.5	0.00621	3.5	0.0002326	4.5	0.000003398	7.5	3.191 E-14
2.6	0.004661	3.6	0.0001591	4.6	0.000002112	8.0	6.221 E-16
2.7	0.003467	3.7	0.0001078	4.7	0.000001300	8.5	9.480 E-18
2.8	0.002555	3.8	0.00007235	4.8	7.933 E-7	9.0	1.129 E-19
2.9	0.001866	3.9	0.00004810	4.9	4.792 E-7	9.5	1.049 E-21